现代智慧配电网
数字化仿真与实践

国网衢州供电公司 编

中国水利水电出版社
www.waterpub.com.cn
·北京·

内 容 提 要

本书是一本专注于现代智慧配电网领域数字化仿真技术的专业书籍。

本书涵盖了数字实时仿真技术的基本概述、仿真系统的构建与运行、有源配电网的实时仿真建模、仿真案例分析及优化算法等多个方面。通过对现代智慧配电网的数字化仿真进行深入剖析，展示了如何在复杂的电力系统中实现高效、安全的运行控制与优化调度。

本书深入探讨了数字仿真技术在电力系统，特别是在智慧配电网中的应用与实践，旨在为电力行业从业者、科研人员及高校师生提供全面、实用的技术参考。

图书在版编目（CIP）数据

现代智慧配电网数字化仿真与实践 / 国网衢州供电公司编. -- 北京：中国水利水电出版社，2024.12.
ISBN 978-7-5226-2927-8

Ⅰ．TM727-39

中国国家版本馆CIP数据核字第2024S2Z101号

书　　名	**现代智慧配电网数字化仿真与实践** XIANDAI ZHIHUI PEIDIANWANG SHUZIHUA FANGZHEN YU SHIJIAN
作　　者	国网衢州供电公司　编
出版发行	中国水利水电出版社 （北京市海淀区玉渊潭南路1号D座　100038） 网址：www.waterpub.com.cn E-mail：sales@mwr.gov.cn 电话：（010）68545888（营销中心）
经　　售	北京科水图书销售有限公司 电话：（010）68545874、63202643 全国各地新华书店和相关出版物销售网点
排　　版	中国水利水电出版社微机排版中心
印　　刷	天津嘉恒印务有限公司
规　　格	184mm×260mm　16开本　9印张　219千字
版　　次	2024年12月第1版　2024年12月第1次印刷
印　　数	0001—1000册
定　　价	**49.00元**

凡购买我社图书，如有缺页、倒页、脱页的，本社营销中心负责调换

版权所有·侵权必究

编委会

主　编　邵先军

副主编　洪建军　郑建锋

委　员　吴俊飞　姚　欢　胡礼军　王春芸

编写组

组　长　洪建军

副组长　郑建锋　姚　欢　吴俊飞　胡礼军

成　员　束兰兰　周　行　王　敏　陈鹤林　郑振华
　　　　　毛文杰　谈　历　艾鸿宇　孙爱民　吴红霞
　　　　　刘海燕　章天晗　何育钦　李　震　张　超
　　　　　李青杉　廖文蕾　潘成龙　顾　琴

前 言

随着全球能源转型的不断推进和新能源技术的快速发展,现代电力系统正面临着前所未有的挑战与机遇。智慧配电网作为连接电源与用户的关键环节,其安全、高效、可靠运行对于保障能源供应、促进新能源消纳及推动社会经济发展具有重要意义。

数字仿真技术作为一种经济高效、操作便捷的分析工具,在电力系统分析与研究中发挥着不可替代的作用。特别是在智慧配电网领域,数字实时仿真技术因具有高精度、实时性及可扩展性等特点,成为实现电网优化调度、故障快速响应及新能源高效接入的重要手段。本书正是在这一背景下应运而生的。

全书内容基于最新的科研成果与实践经验,系统介绍了现代智慧配电网数字化仿真的理论与实践。首先,从数字仿真技术的基本概念出发,阐述了其在电力系统中的重要作用及应用场景;其次,深入探讨了数字实时仿真系统的构建与运行原理,包括硬件平台、软件环境及仿真算法等方面。在有源配电网实时仿真方面,本书详细介绍了仿真模型的建立、数据采集与处理、实时控制及可视化展示等关键技术环节。通过实际案例的演示与分析,展示了数字实时仿真技术在智慧配电网中的应用效果及优化策略。

此外,本书还关注于智慧配电网的典型案例分析,包括分散式风电接入、电网分层分区跨供区合环、光伏并网接入等。这些案例不仅展示了数字仿真技术在解决复杂电网问题中的独特优势,也为后续深入仿真研究提供了有益的参考与借鉴。

本书的出版将为电力行业从业者、科研人员及高校师生提供一个全面了解现代智慧配电网数字化仿真技术的窗口。同时,本书也将为推动智慧配电网的进一步发展与创新贡献一份力量。我们期待广大读者能够从中受益,共同推动电力行业的繁荣与进步。

编者

2024 年 12 月

目 录

前言

第1章 配电网概述 ·· 1
  1.1 配电网的概念 ··· 1
  1.2 新型配电系统 ··· 1
  1.3 分布式电源 ·· 7
  1.4 微电网 ·· 8
  1.5 主动配电网 ·· 9
  1.6 虚拟电厂 ··· 11
  1.7 电动汽车 ··· 13
  1.8 储能设备 ··· 14

第2章 电力系统数字实时仿真技术概述 ··· 17
  2.1 电力系统仿真的介绍 ·· 17
  2.2 电力系统仿真 ··· 18
  2.3 数字实时仿真技术的发展 ·· 21
  2.4 仿真系统介绍 ··· 25

第3章 有源配电网仿真模型 ··· 31
  3.1 建模环境 ··· 31
  3.2 基础模型 ··· 35
  3.3 有源配电网模型 ·· 51

第4章 仿真数据采集方法 ·· 74
  4.1 确认需求信息 ··· 74
  4.2 确认模型信息 ··· 74
  4.3 收资清单 ··· 75
  4.4 数据处理方法 ··· 75

第5章 建模方法 ·· 81
  5.1 仿真流程 ··· 81
  5.2 模型拆分 ··· 82
  5.3 模型搭建 ··· 87

第6章 仿真算法优化 … 91
- 6.1 电磁暂态算法简介 … 91
- 6.2 几种基本电磁暂态元件模型及网络解法 … 92
- 6.3 隐式梯形积分算法 … 95
- 6.4 向前欧拉算法 … 96
- 6.5 电磁暂态波形松弛算法 … 98
- 6.6 阻尼梯形算法 … 99
- 6.7 临界阻尼算法 … 101
- 6.8 电力仿真中遇到的问题 … 102

第7章 仿真实时控制 … 104
- 7.1 新建实时仿真项目 … 104
- 7.2 运行实时仿真项目 … 109
- 7.3 仿真调试 … 111
- 7.4 停止实时仿真项目 … 113

第8章 可视化展示 … 114
- 8.1 仿真数据可视化系统介绍 … 114
- 8.2 数据可视化界面 … 115
- 8.3 数据管理后台 … 116
- 8.4 仿真数据可视化系统 … 118

第9章 有源配电网典型案例分析 … 123
- 9.1 分散式风电接入案例 … 123
- 9.2 电网分层分区跨供区合环案例 … 129
- 9.3 110kV光伏并网接入案例 … 131
- 9.4 10kV分布式光伏接入容量和位置影响分析案例 … 132
- 9.5 储能并网接入案例 … 133

参考文献 … 135

第1章 配电网概述

1.1 配电网的概念

配电网是指从输电网或地区发电厂接受电能，通过配电设施就地分配或按电压逐级分配给各类用户的电力网。配电网由架空线路、杆塔、电缆、配电变压器、开关设备、无功补偿电容等配电设备及附属设施组成。配电网一般采用闭环设计、开环运行，其结构呈辐射状。采用闭环设计是为了提高运行的灵活性和供电可靠性；开环运行一方面是为了限制短路故障电流，防止断路器超出遮断容量发生爆炸，另一方面是控制故障波及范围，避免故障停电范围扩大。

配电网具有电压等级多、网络结构复杂、设备类型多样、作业点多面广、安全环境相对较差等特点，因此配电网的安全风险因素也相对较多。另外，由于配电网的功能是为各类用户提供电力能源，这就对配网的安全可靠运行提出了更高的要求。

1.2 新型配电系统

当前全球能源生产与消费革命不断深化，能源系统持续向绿色、低碳、清洁、高效、智慧、多元方向转型。全球能源体系正在从化石能源绝对主导向低碳多能融合方向转变，新一轮能源革命呈现出低碳能源规模化、传统能源清洁化、能源供应多元化、终端用能高效化、能源系统智慧化的特点。加快推动能源清洁低碳转型是保障国家能源安全，确保如期实现碳达峰、碳中和的内在要求，也是推动能源高质量发展、加快建设能源强国的必由之路，将给能源体系带来系统性和根本性的变革。

"碳达峰、碳中和"背景下，高比例新能源电力系统将逐渐演进为以新能源为主体的新型电力系统。截至2024年6月底，全国全口径发电装机容量30.7亿kW，同比增长14.1%。其中，并网风电装机容量4.7亿kW，并网太阳能发电装机容量7.1亿kW，占总装机容量的38.4%，我国新能源发电装机规模首次超过煤电，电力生产供应绿色化不断深入。随着全球能源转型的加速和我国"碳达峰、碳中和"目标的推进，构建清洁低碳、安全充裕、经济高效、供需协同、灵活智能的新型电力系统已成为我国能源发展的重要战略方向。

新型配电系统作为新型电力系统的"神经末梢"，直接面向用户，在保障电力供应、支撑经济社会发展、服务改善民生等方面发挥着重要作用。国家发展改革委、国家能源局围绕建设新型能源体系和新型电力系统的总目标，打造安全高效、清洁低碳、柔性灵活、智慧融合的新型配电系统。总体目标要求，到2025年，配电网网架结构更加坚强清晰，供配电能力合理充裕；配电网承载力和灵活性显著提升，具备大约5亿kW的分布式新能源和约1200万台充电桩的接入能力。有源配电网与大电网兼容并蓄，配电网数字化转型全面推进，开放共享系统逐步形成，支撑多元创新发展；智慧调控运行体系加快升级，在具备条件的地区推广车网协调互动和构网型新能源、构网型储能等新技术。到2030年，基本完成配电网柔性化、智能化、数字化转型，实现主配微网多级协同、海量资源聚合互动、多元用户即插即用，有效促进分布式智能电网与大电网融合发展，较好地满足分布式电源、新型储能及各类新业态发展的需求，为建成覆盖广泛、规模适度、结构合理、功能完善的高质量充电基础设施体系提供有力支撑，以高水平电气化推动实现非化石能源消费目标。

1.2.1 新型配电系统的发展形态

我国配电网在能源清洁低碳转型的大背景下，受配用电技术发展、用户需求和政策机制等多元驱动力共同作用，其物理形态、运行形态和产业形态等方面均发生了持续而重大的变化。

（1）配电网新能源渗透率快速提升，有源化趋势加速。近年来，中国分布式新能源发展速度远超预期。2018—2023年，中国分布式光伏从0.5亿kW增长到2.5亿kW，年均增长0.4亿kW。2024年上半年，新增分布式光伏装机达0.5亿kW。山东、江苏等省份分布式光伏占最大负荷的比例分别达到37%和19%。分布式新能源开发利用形式丰富多样，屋顶光伏、农光互补、渔光互补、林光互补、"大电网＋微电网""离网光伏＋储能"等方案因地制宜，解决了当地稳定用电问题。预计未来分布式光伏规模将持续快速增长，配电网有源化程度进一步加大。与美国、德国等分布式能源多为就地平衡不同，中国部分地区分布式电源容量远超本地负荷，难以就地就近平衡，潮流向主网反送带来的主配微协调问题日益显现。

（2）源网荷储海量资源接入，配电网向资源高效配置平台转变。被动配电网单纯满足用户可靠用电需求，未来配电网将肩负多种职责，逐步转变为聚集海量资源，容纳源源互补、源储融合、源网协调、网荷互动和源荷互动等多种形式的资源配置平台，功能更加多样，运行更为复杂。预计2030年中国全社会用电量达到13万亿kW·h，2060年达16万～18万亿kW·h，其中90%以上通过配电网供电，发展任务十分艰巨。同时，配电网需要满足电动汽车、数据中心、储能等各类新型主体接入需求。中国已建成了世界规模最大的充换电服务网络和智慧车联网平台，全国充电基础设施保有量达到1188.4万台，电动汽车产销量连续9年保持世界第一，保有量超过1800万辆，预计2030年将超1亿辆，按照目前用户充电时段分布规律估算，最大充电负荷超过8000万kW。中国数据中心正面临爆发式增长。

（3）新兴业态不断涌现，产业创新高质量发展。随着新能源的快速增长和电力市场化改革的不断深入，配电网虚拟电厂、负荷聚合商、零碳智慧园区、综合能源服务等新业态蓬勃兴起。目前中国超过26个省（自治区、直辖市）启动了虚拟电厂试点建设工作，积极探索虚拟电厂参与电力市场交易、调峰调频等多种商业模式，大力推动源网荷储资源聚合与协同优化。综合能源服务方面，近年来中国政府出台了一系列鼓励政策。得益于市场需求的增长、技术的进步、政策的支持以及商业模式的创新，综合能源服务在中国发展迅速。随着"碳达峰、碳中和"目标的推进，综合能源服务在推动能源转型和提升能源效率方面将发挥更加重要的作用。

（4）数字技术与配电网深度融合，数智化转型持续深化。"大云物移智链"等数字技术在配电网规划、设计、建设、运行、检修等环节广泛应用，驱动配电网业务、流程及服务发生根本性变革。在基础设施方面，配电自动化系统广泛应用，多个试点地区已实现智能配变终端全覆盖，无人机技术快速推广，中国首台L4级无人驾驶电力巡检车在苏州落地，大幅提升了巡检效率。

1）核心装备方面，装备制造呈现一次、二次融合态势，设备本体具备多源信息实时采集、设备状态与风险在线感知、自适应本地控制功能特征。

2）智能传感方面，抗干扰、高精度、低成本小微传感器、配电网同步相量测量装置、智能表计等产品丰富，配电网全景状态感知能力大幅提升。

3）运行控制方面，集中式监控系统向分布式"测-算-控"新体系转变，数字孪生系统、配电物联平台、微电网能源管理等系统不断示范应用。

综上，我国紧扣新形势下电力保供和转型目电力市场商业模式标，积极推进配电网改造升级，配电网形态正在发生系统性演变。

1.2.2 新型配电网的基本要求和典型特征
1.2.2.1 基本要求

新型配电网是新型电力系统的重要组成部分，需要满足新型电力系统发展的基本要求，具体如下：

（1）安全可靠。新型配电网要在全社会用电量大幅增长的情况下具备持续可靠供电能力，满足高标准电能质量要求。

（2）清洁低碳。新型配电网要在能源生产侧清洁替代和能源消费侧电能替代中发挥关键作用。

（3）经济高效。新型配电网发展在确保安全、满足"碳达峰、碳中和"目标的前提下，转型成本还要做到社会可承受。

1.2.2.2 典型特征

新型配电网将演变为各类先进技术广泛应用的创新平台、多种需求互动的服务平台。新型配电网具备4大典型特征：互动化、绿色化、柔性化、数智化。

（1）互动化是发展方向。新型配电网海量灵活性资源蕴藏着巨大的可调节潜力，用户也有通过互动降低用电成本的迫切需求，源网荷储协同互动是提升系统综合平衡能力、实现资源优化配置的有效途径。

（2）绿色化是核心目标。新型配电网是绿色配电网、深度低碳配电网。要提升承载能力，满足大规模分布式新能源接网需求，支撑绿色转型发展；要广泛应用节能降耗技术，提高资产全寿命周期的投入产出比，提升系统整体效率效益；要助力电气化水平提升，满足大规模电动汽车等新型负荷用电需求，推动工业、建筑、交通电气化率达到较高水平。

（3）柔性化是关键基础。提升配电网结构和运行制的柔性，实现源网荷储灵活组网、运行方式柔性切换、电力潮流精准调控是构建新型配电网、接纳大规模分布式电源和新型负荷、提升配电网韧性的重要技术基础。近年来，柔性互联关键装备和控制技术发展迅速，交流、直流混合配电网大量示范应用。随着小型化、低成本和高可靠柔性装备的不断研发，新型配电网将由弱连接、辐射状结构发展为多层分区、闭环运行的柔性互联网络。

（4）数智化是必由之路。新型配电网要建成广泛互联、友好便捷、协同高效的数智化平台，更好地支撑多元主体灵活互动，必须依靠数字化和智能化技术。要强化源网荷储资源全景感知能力，提升云边协同水平，实现源网荷储资源可观、可测、可调、可控。要深化"大云物移智（大数据、云计算、物联网、移动互联网、人工智能）"技术应用，支撑配电网运营指挥与智能决策，提高资产管理和设备运维效率。

1.2.3 新型配电网构建关键技术

新型配电网构建关键技术包括以下几个技术：智慧互动技术、绿色节能技术、柔性组网技术和市场构建技术。

1.2.3.1 智慧互动技术

智慧互动技术包含以下几个内容：源网荷储协同优化调度技术、主配微协同互动及主动支撑技术和数智化应用技术。

（1）源网荷储协同优化调度技术。源网荷储协同优化调度要基于"群控群调"思想，构建具备全景感知能力的云端调度平台，探索更加高效智能、集中式与分布式相结合的分层调控架构，实现配电网分层分区、去中心化运行。在分布式资源聚合建模层面，要研究高维多面体、等值发电机、等值储能等基于内接近似的外特性聚合算法，准确刻画分布式资源集群聚合可调功率的时间耦合约束，为配电网集中优化调控提供实际可行的运行边界；在集群自治调控层面，要探索广播通信与邻间交互相结合的去中心化通信架构，不断提升一致性算法、交替方向乘子方法等在线分布式优化算法的计算性能，实现海量源网荷储分布式资源的自主快速响应，在保证多元主体隐私的前提下降低通信负担、达到全局最优的调度控制效果。

（2）主配微协同互动及主动支撑技术。海量构网型灵活资源的广泛接入使得配电网、微电网能够向主网提供一定程度的灵活功率调节和电压、频率主动支撑能力，保障电力系统静态平衡和动态稳定。在设备级主动支撑层面，要加快突破下垂控制、虚拟同步机控制、匹配控制等电力电子设备构网控制技术，实现分布式电源、新型储能等海量分布式资源的即插即用，并向上级电网提供惯量、阻尼和电压支撑；在主配微协同互动方面，要重点研究主配微协同控制机理，考虑配微网自治运行需求，采用主从博弈理论、Benders 分解等方法将多级协同复杂优化问题有效解耦，明确各层级协调变量及指标，面向日前、日内、实时等时间尺度，分层分级完成静态及动态调控量的有效分解，实现对关口电压与频率的支撑。

（3）数智化应用技术。数字化技术能够利用现代信息技术，实现配电网海量资源可观、可测、可控，从根本上改变资源配置方式。在底层关键技术层面，要加快推进先进传感、大数据、云计算、物联网、5G、人工智能等新一代数字信息技术与配电网深度融合，提升分布式资源边缘计算能力，支撑海量分布式资源自律运行。在需求响应高级应用层面，一方面要重点突破电动汽车有序充电、V2G 等车桩网互动技术，利用大数据、大模型等手段探索电动汽车用户充放电行为的多时空尺度预测建模技术，基于数字化互动平台实现充放电需求预测、可调容量评估、互动效果评估等功能；另一方面要加快发展"算力

—电力"协同互动技术，采用数据、机理融合驱动方法构建数据中心工作负载及不间断电源等辅助设备的时间、空间维度灵活性模型，在保证数据中心服务质量的同时向电网提供多时间尺度调节能力。

1.2.3.2 绿色节能技术

绿色节能技术包含以下几个内容：高效节能技术、装备绿色低碳技术和绿色节能标准体系。

（1）高效节能技术。新型配电网高效节能技术主要包括配用电设备节能和系统优化运行两个层面。在配用电设备节能层面，主要应用新型材料、采用低功耗设计以及能量回收技术等，通过采用更先进的电力电子器件、优化控制算法与散热技术，降低设备自身的能耗与热量排放，突破低损耗、长寿命、免维护、可回收的关键技术瓶颈。在系统优化运行层面，主要通过网络重构和补偿装置实现：一方面以配电网柔性化、智能化、数字化转型为基础，通过智能调度和优化算法提升配电网能源传输与利用效率；另一方面则根据电网实时需求和设备运行状态，自动调整平衡模式、补偿策略和设备运行参数，优化配电网的潮流分布，提升配电网整体运行的经济性。

（2）装备绿色低碳技术。智能配电装备的绿色化发展是实现可持续新型配电系统的关键。一方面，要实现配电装备关键材料的绿色化替代，大力推进气体开关绝缘介质的绿色化替代，减少六氟化硫等温室气体的使用，研发以环保气体绝缘速断开关柜为核心的配电网一次、二次融合成套装备，提升电力设备全生命周期低碳化水平；另一方面，还应发展配电装备低碳设计网格化制造技术，采用低碳材料、低碳工艺和低碳生产方式，降低配电设备在生产和使用过程中的环境影响，提升配电装备的通用性和耐用性，促进装备制造、运行和回收环节绿色化。

（3）绿色节能标准体系。标准体系是促进新型配电网绿色节能技术科技成果转化和快速推广应用的重要支撑。一方面，要建立全过程绿色节能标准体系，研制关键共性技术标准，健全绿色产品标准、认证、标识体系，全面推行绿色设计、绿色制造、绿色建造，覆盖配电网规划、建设、运行、维护各环节，明确配电网节能降碳目标责任和评价考核标准，建立健全产品碳足迹跟踪认证体系；另一方面，要推进绿色节能标准国际化，聚焦分布式电源、储能、电动汽车充电、信息技术等配电网新兴领域的国际标准化工作，推动碳计量标准、碳监测及效果评估国际互认，积极参与国际碳关税规则制定，助力中国配电网装备、产品、服务质量提升和产业绿色转型。

1.2.3.3 柔性组网技术

柔性组网技术包含以下几个内容：配电网柔性互联技术、配电网平衡单元构建技术和配电网韧性增强技术。

（1）配电网柔性互联技术。配电网柔性互联技术通过电力电子开关调控两侧馈线的功率交换，优化系统潮流分布，推动配电网从单向辐射状、弱连接结构向网格状柔性互联形态转变，支撑分布式资源的动态聚合和分层分区平衡。在装备实现方面，攻克柔性互联装置控制器设计，优化直流电容选型，提升装置调控灵活性；加强柔性互联装置拓扑结构设计，增强装备集成与定制化能力，支撑配电网复杂场景柔性互联需求；在优化配置方面，攻克柔性互联装置适应配电网中长期拓展规划建模与求解难题，满足配电网承载能力的动态增长需求；开发以柔性互联形态为基底的灵活性资源多目标聚合技术，为能量本地化供给、消费和存储提供总体性解决方案。新形势下配电网承担的能源服务功能将进一步增强，大容量、多端口和跨电压将成为柔性互联技术的主要发展方向，配电网柔性互联不仅要在实用层面突破高可靠、小型化、高效能和低成本的装备制造技术，还要在应用层面研发网络动态拓展、交直流协同兼容和多尺度灵活控制等规划运行技术。

（2）配电网平衡单元构建技术。配电网平衡单元构建技术一般是指统筹接入配电网的海量资源，构建与主干网络相互支撑、内部能量供需基本平衡、外部与邻近单元互补互济的若干网格区域。在规划设计层面，突破配电网平衡单元持续稳定供电技术，着力解决独立型平衡单元因为域内源荷非线性增长导致的扩容问题，统筹考虑并网型平衡单位接入的容量、端口位置和电压等级，推动平衡单元规模化、集群化发展；研发高效灵活的平衡单元交直流固态组网技术，加强电力电子器件的高密度集成，扩充通用化模组和多样化接口，进一步提升对分布式光伏、储能、充换电设施等灵活性资源的接纳能力。在能量管理层面，搭建平衡单元能量管理系统，在考虑用户隐私保护的条件下打通资源一体化调度壁垒，促进平衡单元内能量利用效率实现全局最优；攻克负荷精细化预测与局域微气象预测技术，着力提升平衡单元中新型用能形式电能自满足能力，推动分布式新能源就地就近消纳。

（3）配电网韧性增强技术。增强极端故障场景下配电网的韧性水平是新型配电网建设的重要目标，需要增强配电网在故障前、故障中、故障后的综合应急能力。在故障预防方面，加强配电网态势感知与预测技术研究，基于配电网大数据、气象大数据等多源数据，分析配电网内外部的扰动因素，提前辨识网架中的薄弱环节并有针对性地开展电网改造以及调控资源的挖掘，是增强配电网韧性的最根本措施。在网架结构方面，攻克微电网动态重组技术，基于分布式电源及负荷实时电量损失信息，动态调整微电网的网络架构，提升大电网故障时微电网孤岛运行能力；探索多端口柔性互联技术，以较少的换流器数目实现多条馈线之间的统一柔性连接，从而在故障场景下完成多组变流器运行模式的无缝切换。在运行控制方面，攻克构网型储能电压支撑技术，通过电压源控制、功率同步控制等方式为微电网提供电压及惯量支撑作用，提升并网运行场景下微电网短路容量，在孤岛运行场景下为重要负荷供电。

1.2.3.4 市场构建技术

在新型配电网的市场构建中，涵盖以下关键技术，各部分层层递进，共同服务于配电网的优化与发展。

（1）市场交易机制与价格激励机制：市场交易机制是优化新型配电网资源配置的决定性方式，而价格激励机制是其中的关键组成部分。健全价格激励机制是引导配电网海量可调节资源积极主动参与互动调节的主要路径，通过合理的价格信号，实现市场交易机制下资源配置的优化。例如，峰谷电价政策促使电力用户在电价低谷时段增加用电，高峰时段减少用电，从而优化电力资源在不同时段的分配，是价格激励机制融入市场交易机制的体现。

创新市场交易机制是优化新型配电网资源配置的决定性方式。针对不同市场主体技术特点和互动模式，需要设计与之相适应的市场规则，推动多元经营主体有序参与市场交易。在市场开放兼容层面，要推动电力市场经营主体向多元化过渡，创新需求侧组织管理模式，鼓励可调节负荷、新型储能、分布式新能源、电动汽车等资源以虚拟电厂、负荷聚合商、综合能源服务、零碳智慧园区等新业态独立平等参与电力交易；在市场交易规则制定层面，要明确各新主体、新业态的市场准入、出清、结算标准，完善成本分摊和收益共享机制，充分激发和释放用户侧调节能力，发挥市场配置资源决定性作用。健全价格激励机制是引导配电网海量可调节资源积极主动参与互动调节的主要路径。一方面，要丰富电价形成机制，建立健全涵盖电动汽车、用户侧储能等配电网新兴主体的多层次价格激励体系，探索辅助服务、容量补偿等多种方式，吸引多元主体积极参与电网互动；另一方面，要客观反映不同时空电力价值的差异，进一步优化用户峰谷分时电价和阶梯电价政策，探索建立实时电价等动态电价机制，引导用户主动调整用电行为，使高峰用电负荷得到有效转移。

（2）电碳市场协同技术。在"碳达峰、碳中和"目标要求下，加强电碳市场协同联动是体现减排贡献市场价值的重要手段。在标准制定方面，要积极对接国际绿色贸易规则、规制，健全碳排放标准认证体系；在碳排放核算方面，需要进一步研究分时分区电碳因子计算分析方法，建立分时分区电碳因子数据库，搭建碳足迹数据平台；在机制健全方面，需要完善碳配额分配制度和碳价传导机制，不断丰富碳市场交易品种，引导用户通过科学安排生产、优化用电行为开展电碳需求响应，降低综合用电成本，从市场范围、空间和价格机制多个维度加强碳市场与绿色电力、绿证市场的有机衔接。

1.3 分布式电源

随着可再生能源的大规模发展，分布式电源接入、输送和消纳的需求愈发迫切，电网结构的转型和升级成为刻不容缓的任务。其中，配电网作为连接电力生产和消费的关键环节，其作用日益凸显。与传统的辐射状配电网相比，新型配电网在保障电力供应、支撑经济社会发展、服务改善民生等方面发挥了重要作用在分布式电源接入后，由无源变为有源，对原有配电网的潮流方向产生了深远的影响，使电力流动由传统的单向变为双向，配电网正逐步由单纯接受、分配电能给用户的电力网络转变为源网荷储融合互动、与上级电网灵活耦合的电力网络。用电负荷的性质也正在发生转变，由传统的刚性、支撑生产型逐步演变为柔性、生产与消费兼具型。工业、交通、建筑等领域的电能替代负荷种类不断增加，例如新增的电动汽车、电采暖、农业灌溉等负荷。与此同时，能源产品和服务的需求也呈现出多样化的趋势，电、气、冷、热等多种能源之间呈现出深度耦合，综合服务需求日益增加。新兴主体，如多能互补机制的综合能源系统和负荷聚合商等，能够整合用户侧的多种灵活性资源，通过电价和激励型市场手段实现灵活互动。因此，配电网在促进分布式资源就近消纳、承载新型负荷等方面的功能日益显著，在能源供给和消费的低碳转型中发挥着至关重要的作用。

分布式资源具有发电方式灵活、环境友好、提高配电网供电电能质量等优点，赋予了配电网更高的灵活性和鲁棒性。然而，随着分布式资源的接入，配电网的可靠性面临着前所未有的挑战。受到气象因素的混沌属性影响，分布式电源出力具有较强的随机性和波动性，其出力不确定性可能给网架薄弱、自动化水平偏低的配电系统可靠供电带来更严峻的威胁，光伏脱网和负荷中断等风险急剧增加。

通过多能互补与能量梯级利用，综合能源系统具备了一定的供电可靠性，降低了对外部能源网络的依赖程度。然而，多类型的能源耦合设备和异质化能流增加了系统故障风险，使得准确、高效评估系统可靠性的难度大幅提高。

1.4 微电网

为协调大电网与分布式电源的矛盾，充分挖掘分布式能源的价值和效益，业内人士提出微电网的概念：将分布式电源及负荷一起作为配电网的一个单一可控的子系统。微电网是由分布式发电、储能、负荷及相关控制保护装置组成，能够基本实现内部电力电量平衡的小型供用电系统，具有微型、清洁、自治、友好的特征。微电网是一个高度电力电子化的柔性系统，功率快速调节响应能力强，电力电量平衡控制更加灵活。微电网既可以作为一个小型电网自主运行，也可以并网成为配电网的一部分，能实现并网与离网模式的平滑切换，协调大电网与分布式电源的技术矛盾，减少大规模分布式电源接入对电网造成的冲击，为用户提供优质可靠的电力供应。

1.4.1 新型配电系统的多元赋能

国家电网《新型电力系统行动方案（2021—2030年)》指出，在电网发展方式上，由以大电网为主，向大电网、微电网、局部直流电网融合发展转变。微电网将成为解决分布式能源并网问题的有力手段，是新型配电系统的重要构成单元。为助力构建安全高效、清洁低碳、柔性灵活、智慧融合的新型配电系统，微电网应在以下四个方面积极发挥作用：

（1）提高配电网供电可靠性。当配电网发生故障或检修时，微电网可以迅速切换至孤岛模式，保障关键负荷的供电，从而大大提高配电网的供电可靠性。

（2）优化配电网能源结构。通过聚合太阳能、风能等可再生能源接入配电网并就地消纳利用，有效降低化石能源的消耗，推动配电网向清洁、低碳的方向发展。

（3）增强配电网柔性调控能力。充分发挥微电网在电网末端的源网荷储资源优化配置与灵活管控能力，将微电网打造为配电网内柔性可调的资源聚合单元，推动配电网与微电网的分层协同调控。

（4）提升配电网经济性和资源互动性。通过优化能源配置和调度，降低能源损耗，提高能源利用效率，从而降低配电网的运营成本。同时，微电网还可以为配电网提供电力辅助服务，如调峰、调频等，进一步提升配电网的经济性。

1.4.2 配微融合发展进程中的阻碍探究

微电网作为配电网末端源网荷储多元化灵活资源优化配置、就近平衡的重要组成部分，对提升配电网综合承载能力具有重要的支撑作用。配微融合发展是推动配电网高质量发展的重要手段，但在现阶段也面临一系列问题与挑战，具体包括：

（1）缺乏顶层设计规划引领。现有的电网规划与运营机制主要集中在传统的集中式发电及输配电模式，微电网与大电网间缺少统一的技术标准和接口规范，加剧了并网过程中的技术难题。微电网的自主性和本地条件下的优化调度与大电网的中心化调度存在本质上的冲突，使得其在发生电网故障时，紧急保障系统的稳定性和可靠性面临挑战。

（2）调度与控制策略不匹配。微电网与大电网之间的调度与控制策略不匹配问题主要体现为调度机制的根本差异，以及预测与响应机制的不一致。这就导致微电网难以与大电网实现高效的信息交换和能量管理，在需求高峰或紧急情况下，微电网与大电网难以快速、有效地调配资源。微电网倾向于采用灵活的本地优化调度，而大电网则依赖于中心化调度模式，这种机制上的差异进一步加剧了调度策略的不匹配。

（3）运营模式与市场机制不完善。微电网运营主体需要安装量测、协调控制系统等实现微电网多元素的综合优化运行，现阶段受限于政策机制及应用场景问题，缺少成熟且标准化的可持续商业模式和确切的盈利途径，导致投资回报存在不确定性。在电力市场准入、电价制定机制，以及财政补助等关键方面，缺乏有效的激励措施。

1.4.3 微电网与配电网融合的三层面协同路径

为促进微电网与配电网的高质量融合发展，应在规划、技术、价值层面加强协同互动，具体包括以下三个方面：

（1）加强规划协同。加强顶层设计，完善电网规划体系，适应可再生能源局域深度利用和广域输送，将微电网纳入电网发展全局中，积极支持、主动参与微电网建设，推动构建大电网为主导、微电网等多种形态相融并存的数智化坚强电网格局。分区分析电力供需，能源资源开发情况，结合城市、新型城镇及新农村等发展需要，培育和建设以微电网为代表的能源生产和消费新业态。

（2）加速技术协同。加强技术整合与升级，提升互操作性，确保微电网设备与配电网设备之间的兼容性。健全主配微分级调控机制，推动控制模式由"集中控制"向"主配协同、分层自治"转变，实现微电网与配电网的实时监控、数据分析和优化调度。研究计划性、非计划性并网转离网技术，确保微电网在内部故障、大电网计划检修、出现故障时运行模式的快速灵活切换。

（3）推动价值协同。优化管理与运营，建立微电网运营商与配电网运营商之间的协同运营机制，包括信息共享、运行协调和紧急响应。推动微电网作为主体参与电力市场交易，提升区域分布式资源承载能力，提出微电网参与电力市场交易结构，完善参与电力市场交易的机制，探索微电网参与电网调频、调峰、紧急无功电压支撑、黑启动等电力辅助服务的典型模式与常态化机制。

1.5 主动配电网

主动配电网能够主动管理各种分布式能源，提高电网对可再生能源的消纳能力。与单向供电被动式配电网相比，主动配电网不仅实现了对规模化接入分布式能源的配电网主动管理，自主协调控制各种分布式能源，而且可以利用灵活的网络技术实现潮流管控，充分消纳可再生能源的同时保障了配电网的安全经济运行。

近年来，分布式能源在配电网中的渗透水平不断提高，与此同时，在全球国家及地区政策的鼓励下，电力用户也积极参与配电网的需求侧管理及需求响应项目，这些因素使得配电网的规划和运行变得更加复杂，并给电力监管带来了挑战。

在此背景下，2008 年，CIGRE C6.11 工作组在其发表的 *Development and Operation of Active Distribution Networks* 的研究报告中首次提出了主动配电网（active distribution network，ADN）的概念，旨在解决配电侧兼容大规模间歇式可再生能源，提升绿色能源利用率以及一次能源结构等问题。主动配电网的基本定义是：通过使用灵活的网络拓扑结构来管理潮流，实现对局部分布式能源（distributed energy resources，DER）进行主动管理和主动控制的配电系统，局部分布式能源在一定程度上可以承担支持配电系统的责任，前提是需要适当的监管环境和接入协议。局部分布式能源包括分布式发电（distributed generation，DG）、分布式储能系统（distributed energy storage system，DES）、可控负荷（controllable load，CL）等。其中，分布式发电主要包括分布式光伏发电、分布式风力发电等；可控负荷包括电动汽车（electric vehicle，EV）、响应负荷（responsive load，RL）等。

实践证明，主动配电网是实现智能配电系统灵活运行的有效解决方案，其通过各种智能控制设备来主动控制各种资源，如分布式发电、分布式存储、柔性负荷等，最大限度地提高资产利用率。

主动配电网比被动配电网有更柔性的技术标准、更分散的管理模式、更灵活的网络结构、更精确的模拟计算和更主动的控制与保护模式。主动配电网与被动配电网的主要区别体现在 5 个方面，见表 1.5.1。

表 1.5.1　　　　　　　　　　主动配电网与被动配电网的主要区别

项　　目	主动配电网	被动配电网	项　　目	主动配电网	被动配电网
技术标准	柔性	刚性	模拟计算	精确	平均
管理模式	分散	集中	控制与保护模式	主动	被动
网络结构	灵活	固定			

主动配电网模式是一种可以优化利用分布式能源的技术解决方案。配电网从被动配电网到主动配电网演变的推动力在于小型分布式发电系统的技术进步，对配电网效率、安全性和供电质量的新要求，以及电力市场的开放等。作为这种新模式的一部分，它使得配电系统运营商（distribution system operator，DSO）有可能在其职责范围内，控制和优化分布式能源的运行，从而实现分布式能源与配电网管理的一体化。在此构想下，配电网的规划理念实现了从被动配电网到主动配电网的过渡。

主动配电网是智能配电网技术发展到高级阶段的产物，是一种兼容电网、分布式发电及需求侧资源（demand side resources，DSR）等多类型技术的全新开放式配电系统体系结构。主动配电网的技术理念将系统运行中的信息价值及电网-用户之间的互动能力提升到了一个新高度，强调在整个配电网层面内借助主动管理和主动控制，实现对各类可再生能源的主动消纳及多级协调利用，最终促进电能低碳化转变及电网资产利用效率的全方位提高。

相较于被动配电网，主动配电网运行优化环境的改变主要体现在以下三个方面：

（1）大量分布式新能源的接入使得配电系统的不确定性显著增强。对于静态单时间断面而言，分布式新能源的不确定性可以概括为出力是一定范围内的随机值，又由于现代配电系统中的分布式新能源包含多种类型的发电形式（如风力发电、光伏发电、储能等），其出力范围、出力概率分布均不尽相同，系统对其进行监测的形式以及历史数据库具有较大的差异。大量分布式新能源的接入使得配电系统的潮流由单向潮流变为双向潮流，同时潮流的分布具有极强的不确定性。这将使得：①决策变量具备了随机性，在一段时间内没有出力条件的分布式电源不能够成为决策变量；②约束条件具备了随机性，分布式电源出力波动造成的潮流不确定性将使得一部分等式约束转化为不等式约束；③优化模型的可行域边界具有不确定性。

（2）大量单相或两相分布式电源及分布式储能的接入使得配电系统的不平衡性显著增加。配电系统相较于输电网的主要区别之一是配电系统的不平衡性要显著强于输电网。配电系统的不平衡性主要来自系统结构和负荷的不平衡性。系统结构的不平衡性主要指系统各个参数（如三相线路导体间隙）分布不均匀所产生的不平衡性。负荷的不平衡性主要来自单相的负荷（如照明负荷和单相的动力负荷），在我国某些地区的配电系统中甚至80%以上的负荷均属于单相负荷。为了节省资源和方便管理，我国城乡配电系统均有使用三相四线制的混合供电系统，这样势必会产生负荷分配不平衡和三相电压不平衡。在优化问题中可以将分布式电源出力视为一个负的负荷，大量单相或两相分布式新能源的接入会进一步加剧负荷分配的不平衡问题，有数据显示我国某配电系统最大负荷三相不平衡度50%以上的公用台区平均数量占比达到90.8%。区域间分布式电源接入数量和出力的不同，以及不断增长的低压配电系统通过公共连接点反馈入中压配电系统的剩余光伏功率加剧了中压配电系统的不平衡性，导致10kV配电系统在实际运行时也开始出现三相不平衡问题，有数据显示我国某配电系统的10kV线路最大电压不平衡度达到5.68%。

（3）分布式电源资方的引入使得配电系统优化运行的目标更为多样。我国南方某省配电系统已经出现了高比例分布式电源的接入容量不断攀升造成低压配电系统分布式电源剩余功率通过PCC反馈入中压配电系统的情况，因此需要对分布式电源出力进行调整。大量分布式电源的接入使得新的电力资产注入现代配电系统中，这意味着在配电系统中的利益分配将更为多样。从配电公司的角度，在不影响系统安全运行的前提下减少网损能够显著提升经济收益和降低系统中的设备损耗；从分布式电源资方的角度，在不影响系统安全运行的前提下尽量提高分布式电源出力是其首要目标；从配电用户的角度，既要按照一定的比例向配电公司支付网损费用，又希望能够在配电公司和分布式电源中获得更为经济的购电方案。同时配网优化运行目标又与国家的政策息息相关，如在我国鼓励分布式发电的政策下分布式电源出力最大化往往是重要优化目标。

1.6 虚拟电厂

虚拟电厂提出的主要目的是鼓励分布式能源参与电力市场，降低其在市场中单独运行失衡的风险，以此获得规模经济的效益。虚拟电厂的核心有两点："聚合"和"通信"。"通信"为实现"聚合"的技术手段，电力系统运用"通信"获得信息，将电网资源聚合成一个满足电力系统要求、能可靠并网的整体，使其表现出和传统电厂类似的参数特性是虚拟电厂的主要技术目的。与微网和主动配电网相比，虚拟电厂可忽略网络拓扑结构约束，能够聚合微网和主动配电网所辖范围之外的分布式能源，在整合地域广泛分布的分布式能源时更具优势。虚拟电厂更偏重从上到下的管理与控制，从对外呈现的功能与效果看，更类似传统电厂。为了保证平稳运行，虚拟电厂可签订类似常规机组的电力销售协议。虽然虚拟电厂可以减少分布式电源的不确定性，但要进一步减少分布式电源并网对系统的冲击，需要对其与配电网的协调调度问题进行研究。

目前，国内外学者已经对虚拟电厂提出了多种理论定义，尚未形成对虚拟电厂的统一权威官方定义。虚拟电厂最早可追溯至 Shimon Awerbuch 等人于 1997 年编写的 *The Virtual Utility：Accounting，Technology & Competitive aspects of the Emerging Industry* 一书中对虚拟公用事业的定义，即虚拟公用事业是一种独立的、由市场驱动的实体间的灵活协作关系，这些实体提供消费者所需的高效能源服务，但无须拥有相应资产。直至 2007 年前后国际上才出现对虚拟电厂的系统性论述，2012 年以后关于虚拟电厂的相关研究陆续开展。而伴随着虚拟电厂的发展历程，其内涵特征也在不断丰富，其中典型的定义有以下几类：

（1）结合通信技术搭建软件平台实现分布式能源的聚合，确定分布式资源运行方实现储能、可控负荷、电动汽车等资源与风、光能源聚合，协调电力市场和电网运行的关系。

（2）狭义上指由火电、风电、太阳能发电等能源与储能装置组成的聚合系统，通过信息网络与虚拟电厂（VPP）控制中心连接，以统一整体形式接受电网调度中心的控制与调度；广义上也包括用电侧的可控负荷与需求响应，把发电用电两端的各种单元不受地域限制聚合为虚拟整体参与电网运行和调度。

（3）与电力系统各控制中心进行实时通信，获取控制信息，结合资源波动性及需求响应的变化，确定各聚合资源与电网的能量交换形态。

（4）结合电力市场规律，优化聚合能源，参与电力市场交易，获取经济效益，同时能够提高电力系统安全运行能力，具有调峰、调频、紧急控制等稳定控制措施。

（5）涉及多个利益相关者的虚拟实体，运用先进的通信技术，实现利益相关者间的信息流动和能量传递，优化虚拟电厂资源调度方式，降低电网运行成本，获取经济效益。

从以上虚拟电厂概念的演化过程来看，早期虚拟电厂受限于各方面技术尚未成熟，只聚合通信范围内的各种电源，为用户提供高效保质保量的能源服务。随着信息通信、电力市场等技术的不断发展，虚拟电厂的定义也逐渐丰富成服务于范围内源荷储甚至智慧社区的一个独立电力市场代理运营商，在实现分散异构分布式电源聚合调控的同时也为分布式电源参与电力市场交易与辅助电网安全运行提供技术支持。

根据虚拟电厂的程度和规模，可以将其分为两种类型：一种是完全虚拟电厂，即由多个分散的独立电源组成，在物理上并不相连，但通过虚拟集中控制系统实现了协同运作；另一种是部分虚拟电厂，既包括独立电源，也包括传统发电站。根据虚拟电厂的技术标准，可以将其分为两大类：一类是基于国际标准的虚拟电厂，如 IEC 61850 等；另一类是基于国内标准的虚拟电厂。根据虚拟电厂的参与主体，可以将其分为两类：一类是商业虚拟电厂，即由商业机构或发电企业建设和运营；另一类是公共虚拟电厂，即由政府或其他公共机构建设和运营。根据虚拟电厂所涉及的能源类型，可以将其分为多种类型，如风电虚拟电厂、太阳能虚拟电厂、火电虚拟电厂等。

现阶段虚拟电厂技术发展已较为成熟，21世纪初，虚拟电厂在德国、英国、法国和欧洲等国家得到应用。现已实施的虚拟电厂项目包括澳大利亚光储虚拟电厂项目、美国ConEdison项目、德国Web2Energy项目、丹麦EDISON项目和欧盟FENIX项目。

近年来，在全球能源互联网发展战略指引下，我国电力系统在转型道路上朝着资源多样化、电能质量提升、电网清洁化方向发展，构建数字化、智能化的电力系统，现阶段我国已在江苏、上海、河北和广东等地实行虚拟电厂的试点项目，探究我国虚拟电厂构建方式。

1.7 电动汽车

交通行业也是产生碳排放的重要行业，同样是我国碳减排关注的重点。为应对能源危机和降低交通行业碳排放，我国大力促进电动汽车使用，希望通过交通行业电气化，实现交通行业低碳化发展。电动汽车的使用能够减少化石燃料的消耗，降低二氧化碳排放量和车辆使用成本。近年来，在利好政策的驱动下我国电动汽车行业蓬勃发展。近年来，我国电动汽车市场正经历前所未有的爆发式增长。截至2023年年底，全国新能源汽车保有量达2041万辆，占汽车总量的6.07%；其中纯电动汽车保有量1552万辆，占新能源汽车保有量的76.04%。预计到2030年，新能源汽车充电所需的最高电力负荷有望达到1亿kW。电动汽车已经成为传统汽车产业升级、城市环境治理、能源替代的重要手段，发展电动汽车已经成为大势所趋，也对配电网的承载能力及稳定性提出了前所未有的严苛要求。全力支撑电动汽车充电基础设施体系建设，已成为新时期加快配电网建设改造和智慧升级的重要一环。

电动汽车是一种具有高度灵活性与可调节性的新型负荷，它的推广和应用给新型电力系统的建设与运行带来了机遇与挑战。电动汽车的充电行为在时间和空间上具有显著的不确定性。大量电动汽车在高峰时段充电会造成负荷"峰上加峰"，引起电能供需失衡、继电保护等方面的问题。然而，电动汽车充电负荷具有显著的灵活可调节性，如果通过合理的手段对电动汽车的充电行为进行引导，使其在新能源出力高峰或电网负荷低谷时进行充电，则能够起到促进新能源消纳与平稳电网负荷的作用。

此外，电动汽车还具有储能特性，借助电动汽车与电网互动技术（vehicle-to-grid，V2G）可以实现电动汽车对电网的反向送电。当电力系统出现新能源出力不足、火电爬坡不及时等电源供应不足情况时，电动汽车可以通过向电网反向输电，保障电网安全运行。

虽然，一辆电动汽车的电池电量仅为几十千瓦时，对电力系统的影响作用极其微小，但是当大量的电动汽车集合起来时，电动汽车群体就能够形成为一定规模的储能系统，其对电力系统的调节作用将变得可观。随着电动汽车与电网互动技术V2G技术的发展和电动汽车保有量的迅猛增长，电动汽车储能的价值越发凸显。总的来说，电动汽车为电力系统提供了功率调节的新手段，为新型电力系统建设提供了新的支撑。虽然突出的灵活可调节负荷特性与大规模储能潜力使得电动汽车在新型电力系统建设与运行中受到重视，但是现阶段电动汽车充放电管理仍存在着以下一系列的问题：

（1）电动汽车用户个体充电行为的随机性和不确定性给电动汽车充放电管理带来了巨

大的难度。不同于其他储能形式，电动汽车的本质是交通工具，电动汽车的第一要务是满足用户的出行需求，因此，用户出行行为的不确定性就导致了电动汽车充放电行为的不确定性。

（2）电动汽车充放电响应潜力是电动汽车充放电与电网、新能源协同优化与管理的边界，但是受用户出行时间、停车时长、电池电量等因素的不确定性影响，电动汽车用户充放电响应潜力测度具有一定的难度，现阶段电动汽车充放电响应潜力尚不清晰。

（3）充放电协同管理的实现需要相应的基础设施支撑，受配电网容量影响，城市部分区域无法支持大规模电动汽车的接入，亟须对电动汽车充放电协同管理下的基础设施资源配置进行探讨。

（4）现阶段对于电动汽车充放电与电网、新能源协同优化的研究，多关注对电动汽车充放电调度策略的探讨，忽视了对充放电调度策略实现的探讨。

此外，当前配电网建设在以下四个方面存在显著问题，亟待解决：

（1）充电设施建设投资与布局不足。现阶段，充电需求在居民区、繁华商业地带及交通枢纽等关键区域急剧上升，但充电站的建设密度与品质尚不能满足日益增长的需求。投资引导不力，导致充电服务便捷性与广泛性受限，影响了电动汽车用户的充电体验。

（2）配电网扩容与改造滞后。面对未来充电负荷爆炸式增长的预期，配电网的扩容与改造工程未能提前规划与布局。特别是考虑到未来峰值负荷成倍增加，现有配电网在网架结构优化和设备性能提升方面存在明显短板，难以确保充电高峰期的稳定供电，电力供应的连续性与可靠性受到严重威胁。

（3）充电设施与配电网智能化融合不足。物联网、大数据等前沿技术在充电设施与配电网的融合应用方面尚不充分，智能调度系统的精准预测与动态调节能力未能充分发挥。电力供需平衡难以实现实时调控，充电效率和服务质量提升空间受限。

（4）电动汽车与电网互动技术研发与应用推广缓慢。电动汽车与电网互动技术的研发与应用推广进度滞后，电动汽车作为电网灵活资源的潜力尚未被充分挖掘。政策激励不足、技术支持不够、充电基础设施体系建设不完善等因素限制了电动汽车用户参与电网互动的积极性，能源双向流动与高效利用的目标难以实现，制约了电动汽车与电网的协同发展。

1.8 储能设备

接入新型配电网的分布式资源出力具有波动性和随机性，不能提供持续稳定的可控功率，增加了新型配电网调度的困难。大量分布式资源带来的配电网双向潮流、三相不平衡、谐波、电压越限等电能质量问题需要解决，如何去消纳新型配电网的分布式资源是大量学者研究的目标。配置分布式储能是有效解决上述问题的措施之一，利用分布式储能具有响应快、配置灵活、建设周期短等优势，可以实现对配电网调峰调频和无功补偿，有助于分布式资源就地消纳，实现对分布式资源的灵活调控，改善新型配电网电能质量问题。近年来，国家多部门相继印发多项重磅级文件，包括国家发展改革委、国家能源局等部门印发的《关于新形势下配电网高质量发展的指导意见》和《加快构建新型电力系统行动方案（2024—2027年）》，国家能源局印发的《配电网高质量发展行动实施方案（2024—2027年）》等，加强新型配电网的建设，推动储能对新型配电网的支撑和调节能力。

2021年由国家发展改革委和国家能源局发布的《关于加快推动新型储能发展的指导意见》明确提出：要围绕分布式新能源探索储能融合发展新场景，鼓励利用不间断电源、电动汽车、用户侧储能等分散式储能设施，推动新型储能与可再生能源协同发展。储能技术的应用将对我国能源产业的重构转变起到关键作用，其在电源侧、电网侧和用户侧的不同场景应用，可确保新型配电网的安全稳定运行。可见，新型配电网新能源配置储能成为必要趋势，大量研究已经从理论及实践方面证实储能系统在配电、用户侧的分布式应用的可行性。

传统储能主要以抽水蓄能储能为代表。抽水蓄能通过增加重力势能完成储能，再通过重物下落过程将重力势能转化为动能进而转化为电能。1882年，世界上第一座抽水蓄能电站诞生在瑞士，至今已有140多年的历史。经过漫长时间的蜕变和发展，抽水蓄能技术目前已经非常成熟。全世界抽水蓄能电站装机容量已经突破16500万kW，其中抽水蓄能占比86.2%。

新型储能包括压缩空气储能、飞轮储能和电化学储能。自1949年提出利用地下洞穴压缩空气进行储能的理念以来，国内外开展了大量研究和实践，国外有2座大型压缩空气储能电站，分别是德国的Huntorf电站（290MW，压缩储能时长12h、发电时长3h）和美国的McIntosh电站（110MW，对外连续输出电能26h）已投入商业运行。我国自2014年建成的0.5MW的芜湖非补燃示范项目，在中国科学院工程热物理研究所的技术支持下，贵州毕节10MW压缩空气储能验证平台和肥城（一期）10MW压缩空气储能调峰电站于2021年投产，张北100MW压缩空气储能项目于2022年进入带电调试阶段。在清华大学的支持下，青海西宁100kW复合式压缩空气储能工业示范项目于2016年投产，金坛压缩空气储能项目于2022年5月投入商业运行。压缩空气储能技术正由100MW级示范应用阶段转向规模化、商业化发展，一大批压缩空气储能项目也处在规划或设计阶段，装机规模逐步增大，但100MW级电站运行经验仍需积累，压缩空气储能技术仍需迭代升级。

飞轮储能系统的起源可以追溯到19世纪中期，当时英国的物理学家W. Thomson提出了利用旋转惯性来存储能量的概念。随着电力工业的发展，飞轮储能系统开始被应用于电力系统中，用于平衡电网的负荷和电源之间的差异，以及提供紧急备用电源。20世纪60年代，美国的一些企业开始开发高速旋转的惯性储能装置，以便在太空中为航天器提供电力。这些设备使用惯性储能来维持太空舱内的电力，以保障宇航员的安全。到了80年代，飞轮储能系统开始在地面上广泛应用，用于平衡电力系统的负荷和电源之间的差异，以及提供突发电力需求的支持等。2018—2021年，全球飞轮储能累计装机规模由362MW增长至457.2MW。飞轮储能系统具有高效性、长寿命、可靠性、快速响应和环保性的优势，但其高成本、重量大、空间占用和安全问题等缺点也限制了其在某些应用领域的应用，但随着技术的进步和不断发展，这些劣势也有望得到改善。

1991年，锂离子电池问世并商业化生产，从此电化学储能快速发展。电化学储能本质上就是把电能储存成化学能，再用化学电池的机制，放到电网中变回电能，电化学储能目前被提及较多的是锂离子电池储能、铅酸电池储能、液流储能等技术。工商储项目使用锂电池等电化学储能技术，主要用于削峰平谷。储能按设备或项目接入位置可分为电源侧、电网侧及用户侧。据权威机构统计，在"十三五"期间，全球电化学储能容量由1.3%上升到3.7%，继而增至5.2%，且仍保持着上升态势。从电化学储能占比的不断上升可以看出，尽管各国存在地理环境、人口需求和电力市场等不同方面的差异，但电化学储能电站仍是各国政府非常重视的辅助新能源发电/电网支撑的核心技术及装备，且对其投资力度逐年提高。

目前，储能技术处在发展阶段，针对如何更加经济地发挥分布式储能作用并实现灵活调控目标的技术需求，需要进一步开展以下研究工作：

（1）充分挖掘分布式储能电网安全稳定运行的调节能力，针对多元化应用场景，以解决新能源消纳、电压越限、调频等问题和经济运行为目标，研究配电网储能系统的最优配置和调控。

（2）研究和开发多功能分布式储能系统优化控制策略，实现其高效运行。

（3）针对单一储能系统及未来的混合储能技术应用于配电网灵活调控时，探讨配电网管理平台如何提供技术支撑。

第 2 章　电力系统数字实时仿真技术概述

2.1　电力系统仿真的介绍

随着以新能源为主体的新型电力系统的发展，新能源发电比例的快速增长，大容量特高压直流输电工程的增加，以及灵活交流输电等电力电子设备的不断涌现并投入实际电力系统运行，给电力系统的动态运行特性带来了深刻的影响。对于电力系统仿真分析，大量电力电子设备在电磁暂态过程中的动态行为，可能会导致后续机电暂态过程中出现完全不同的结果，给传统的电力系统仿真分析方法和手段带来严峻的挑战。

电力系统是由发电、输电、配电和用电四部分组成的大型复杂人造系统。为了保证电力系统运行时的安全性和稳定性，在规划设计及运行控制时，必须准确把握其系统稳态及动态特性。由于安全性、经济性、可行性等原因，在实际电力系统中做实验研究非常困难，甚至往往是不可行的。因此，基于相似原理构建模型对实际或设想电力系统开展实验研究，即电力系统仿真，成为分析电力系统特性的有效途径。

过去，人们基于相似理论设计物理模型，通过在物理模型上做试验来研究实际电力系统，这就是电力系统动态模拟。电力系统动态模拟把实际电力系统中的各个部分，如同步发电机、变压器、输电线路、负荷、电容器、电抗器等按照相似条件缩小设计与制造比例，配置与实际系统一致的二次保护和监控系统，将这些部件相互连接组成一个电力系统模型，用这种模型替代实际电力系统进行各种系统控制和故障状态的试验和研究，以及保护控制系统的测试。

随着电力系统的发展，系统的规模和复杂程度不断增大，受到场地和实验室设备的限制，采用物理模型的动态模拟无法完全满足大系统实验研究的需要。同时计算机和数值计算技术的快速发展，使数字计算机性价比不断提升，出现了用数字模型代替物理模型的新型仿真系统。其中，使用数字模型代替部分物理模型，其余部分仍采用物理模型的仿真称为数模混合仿真；完全使用数字模型代替物理模型的仿真称为数字仿真。数字仿真通过建立电力系统各元件的数学模型，并根据物理系统的连接关系组成全系统数学模型，在数字计算机上采用数值计算方法模拟电力系统运行特性，进而进行各种系统控制和故障状态的试验和研究。数字仿真受被研究系统规模和复杂性的影响较小，使用灵活、扩展方便、成本较低，在电力系统试验研究中得到广泛应用。

近年来，大量先进的控制、保护和测量装置，如 FACTS 控制器、直流输电控制器、继电保护装置和安全稳定监控设备（包括广域测量装置）等广泛应用于实际电网中。这些复杂的控制装置提高了电网大容量、远距离输电能力，保证了电力供应的安全与稳定。但随着越来越多自动控制装置的投运，也极大地增加了系统的复杂程度。这些设备和装置对整个电力系统的作用需要通过仿真实验加以研究，而且它们的控制系统要通过实时仿真进行试验验证后，才能投入实际电网运行。因此，自动装置的试验和检测必然要求实时仿真。实时仿真是实现高效电力系统稳定分析和在线动态安全评估与控制的基础。当前电力系统计算机通信网络已初具规模，全国各大电网能量管理系统（energy management system，EMS）也相继建成。从 EMS 获取电力系统在线数据，利用实时仿真平台进行分析计算和稳定性评估，并提出事故处理建议，可以有效地提高电网应对事故的能力。另外，利用电力系统实时仿真可以模拟实际电网运行特性，进行电网的实际故障重现和反事故演习。实时仿真同样可以培训调度及运行部门的工程技术人员，帮助调度运行人员熟悉系统特性、掌握系统运行规律、分析电网事故原因、提高事故应变能力等。因此，实时仿真作为电力系统重要的研究手段，其应用非常广泛，对电网安全稳定运行意义重大，是未来仿真技术发展的必然趋势。

2.2 电力系统仿真

2.2.1 电力系统仿真模型

电力系统实时仿真系统主要有以下三种类型：采用完全物理模型的动态模拟仿真系统、结合部分物理模型和部分数字模型的数模混合式实时仿真系统、采用纯数字模型的全数字实时仿真系统。

2.2.1.1 动态模拟仿真系统

作为一种基于相似理论的电力系统实时仿真工具，动态模拟仿真系统核心聚焦于以实际旋转电机为代表的电力系统机电暂态及动态过程的模拟。动态模拟仿真系统通常由多台按比例缩小的电机、若干条Π形线路模型、电源、负荷、开关模型等关键组件，以及配套的监测与控制系统精心构建而成。动态模拟仿真直观明了、物理意义明确的特性，在电力系统的发展历程中发挥了不可替代的作用，并预期在未来继续贡献其价值。然而，动态模拟仿真也具有显著的局限性：高昂的设备成本与庞大的占地面积，限制了其模拟电力系统规模的能力，使之受限于装置自身规模和元件的物理特性；同时，可扩展性和兼容性的不足，成为制约其广泛应用的瓶颈。此外，实验室设备、空间等限制因素，使得模拟尺度受限，且每次测试均需烦琐地重新布线过程，既耗时又费力，进一步凸显了动态模拟仿真系统扩展性和兼容性的挑战。

2.2.1.2 数模混合式实时仿真系统

在数模混合式实时仿真系统中，除电机、动态负荷等旋转元件用数字元件模拟外，其余元件基本上与动态模拟仿真采用的元件一致。但较之早期的动态模拟仿真，数模混合式实时仿真系统使用的灵活性和对电力系统的研究范围都有了很大提高，对电力系统的实时仿真范围已经可以覆盖电力系统受扰动后的电磁暂态过程、机电暂态过程和中长期动态过程。数模混合式实时仿真系统的最大优点就是其数值稳定性好，仿真规模取决于硬件规模。在数模混合式实时仿真系统中，由于线路、变压器等元件皆为模拟元件，通过模拟这些元件，发电机等数字元件相互间完全解耦，因此只要发电机等数字元件本身无数值不稳定等问题，则整个仿真系统就不会因为数值算法产生数值振荡。虽然在发电机和负荷方面采用扩展性强的数字元件模型，但是由于其主要部分仍是基于相似理论的物理模型，数模混合实时仿真系统仍然具有动态模拟仿真系统的缺点，其设备昂贵、占地面积大、规模受限、装置的可扩展性和兼容性差，难以大量推广。

2.2.1.3 全数字实时仿真系统

尽管电力系统动态模拟仿真系统和数模混合式实时仿真系统在电力系统的实时研究领域发挥着重要的作用，但其存在建模周期长、重复性差等问题。所有的全数字实时仿真系统，无论采用什么硬件平台，其共同特点都是基于多处理器并行处理技术，由系统仿真时装载到该处理器的软件来决定该处理器模拟什么电力系统元件，因此，在时间步长和I/O设备的频宽满足要求的情况下，系统的一次元件模型只取决于软件，与硬件无关。目前，国内外的数字实时仿真装置主要有以下几种：

（1）RTDS（数字实时仿真系统）。RTDS是由加拿大RTDS公司研制的仿真装置，采用多CPU并行计算的方式实现实时仿真。RTDS与EMTDC（电磁暂态仿真程序），共享核心的电磁暂态模型，能够实现电力系统的电磁暂态仿真，仿真的精确度和可信度较高。通过其提供的接口板卡能够方便地与物理装置进行半实物仿真。RTDS是目前最为成熟、应用最为广泛的电力系统数字实时仿真装置。但是，RTDS的硬件价格昂贵，限制了仿真系统的规模，在进行仿真实验时投资巨大。

（2）RT-LAB。RT-LAB是由加拿大Opal-RT公司开发的仿真平台，能够将基于Matlab/Simulink建立的模型进行实时仿真。RT-LAB在硬件架构和软件算法上具有很大的优势，单个机柜的仿真规模较大。目前，RT-LAB在电力电子领域获得了广泛应用。但是，RT-LAB在传统交流电网中的应用时间不长，其仿真可信度仍需要验证。

（3）ADPSS（电力系统全数字实时仿真装置）。ADPSS是由中国电力科学研究院开发的数字实时仿真装置，能够实现大规模电力系统的实时仿真。ADPSS能够实现电磁暂态和机电暂态的混合仿真，显著增大了仿真规模。ADPSS经济性较高，但由于其开发时间较短，模型仍存在不足，仿真可信度仍需要实践检验。

（4）HYPERSIM（实时电磁暂态仿真器）。HYPERSIM是加拿大TEQSIM公司研制的仿真装置，采用SGI服务器或PC机实现实时仿真。HYPERSIM能够实现电磁暂态仿真或机电暂态仿真，但不能进行二者的混合仿真。HYPERSIM可实现的仿真规模较大，技术比较成熟，应用较为广泛。但其对硬件条件的要求较高，价格昂贵。

（5）DDRTS（分布式动态实时仿真系统）。DDRTS是由殷图科技公司开发的仿真系统，基于高速PC机实现实时仿真。DDRTS能够进行电磁暂态仿真，但其模型不够完善，只能用于交流系统的仿真。DDRTS开发时间较短，仿真规模较小，主要用于对二次设备进行测试。

（6）RT1000。RT1000是由盛星能源技术公司开发的仿真系统。RT1000采用了新型的技术架构——分布式计算分布式建模，解决了规模度和精细度耦合的难题，能够在设备级数字实时仿真系统仿真上万节点规模的大型电力系统。目前已经在多个地区的电网获得了应用。

2.2.2 电力系统仿真动态过程

电力系统仿真中，动态元件对系统电压和频率变化的响应时间可从微秒、毫秒到数小时。目前，电力系统离线仿真软件针对不同的动态过程，采用不同的仿真方法，可以归纳为电磁暂态仿真、机电暂态仿真、中长期动态过程仿真、多时间尺度混合仿真四种。

2.2.2.1 电磁暂态仿真

电磁暂态仿真是用数值计算方法对电力系统中从微秒至数秒之间的电磁暂态过程进行仿真模拟。电磁暂态仿真一般应考虑输电线路参数的分布特性和频率相关特性、发电机的电磁和机电暂态过程以及一系列元件（如避雷针、变压器、电抗器等）的非线性特性。因此，电磁暂态仿真的数学模型必须建立这些元件和系统的代数或微分、偏微分方程，工程上一般采用的数值积分方法为隐式积分法。电磁暂态仿真目前普遍采用的是电磁暂态程序（electromagnetic transients program，EMTP），其特点是能够计算具有集中参数元件与分布参数元件的任意网络中的暂态过程。程序中采用的模型及计算方法对计算机的适应性强，求解速度快，精确度能够满足工程计算的要求。

2.2.2.2 机电暂态仿真

机电暂态仿真主要研究电力系统受到大扰动后的暂态稳定性能和受到小扰动后的静态稳定性能。其中暂态稳定分析研究电力系统受到诸如短路故障、投切线路/发电机/负荷、发电机失去励磁、冲击性负荷等大扰动时，电力系统的动态行为和保持同步稳定运行的能力；静态稳定分析研究电力系统受到小扰动后的稳定性能，为确定输电系统的输送功率极限、分析静态稳定破坏和低频振荡事故的原因、选择发电机励磁调节系统/电力系统稳定器和其他控制调节装置的形式和参数提供依据。为了深入了解这些情况，机电暂态仿真算法采用联合求解电力系统微分方程组和代数方程组的方法，从而获得物理量在时间域内的解。其中微分方程组求解方法包括龙格-库塔法、改进欧拉法、隐式梯形积分算法等，隐式梯形积分算法因稳定性广受应用。目前，国内常用的机电暂态仿真程序是中国电力科学研究院电力系统研究所开发的PSD电力系统分析软件包和电力系统分析综合程序（power system analysis software package，PSASP）。

2.2.2.3 中长期动态过程仿真

中长期动态过程仿真是电力系统受到扰动后较长过程的动态仿真，即通常的电力系统长过程动态稳定计算。计算中要计入在一般暂态稳定过程仿真中不考虑的电力系统长过程和慢速的动态特性，包括继电保护系统、自动控制系统、发电厂热力系统和水力系统以及核反应系统的动态响应等。电力系统长过程动态稳定计算的时间范围可从几十秒到几十分钟，甚至数小时。电力系统长过程稳定计算也是联立求解描述系统动态元件的微分方程组和描述系统网络特性的代数方程组，以获得电力系统长期动态过程的时域解。但是，电力系统长过程动态响应的时间常数从几十微秒到100秒以上，是典型的刚性系统，需要采用隐式积分法。目前，国内常用的中长期动态过程仿真程序是中国电力科学研究院开发的PSD电力系统全过程仿真程序。国际上主要的长过程动态稳定计算程序主要有法国和比利时电力公司共同开发的EUROSTAG程序、美国电力科学研究院的LTSP程序、美国通用电气公司和日本东京电力公司共同开发的EXTAB程序，另外美国PTI的PSS/E程序、捷克电力公司的MODES程序等也具有长过程动态稳定计算功能。

2.2.2.4 多时间尺度混合仿真

随着直流输电规模的不断扩大，MMC（模块化多电平换流器）等电力电子设备大量使用，由于电网动态分析的时间尺度范围不断变大，直流控制保护暂态（毫秒级）、大电网暂态（秒级）多模态 MMC 阀暂态（微秒级）等多个物理特性呈现相互交织、强耦合，导致大电网的运行控制特性变得更加复杂。多时间尺度的混合暂态仿真可以通过对电力系统各个部分的响应速率进行不同的模拟，从而能克服单一时间尺度模拟精度不高、计算效率低下等问题。典型应用是，机电-电磁暂态混合仿真技术用到多时间尺度混合仿真技术。机电暂态仿真中对电力电子设备、高压直流输电设备等使用准稳态模型或简化模型，这样会导致仿真结果存在较大的误差，电磁暂态仿真中虽然能够准确表达这些设备模型，但受到模型和算法的限制，其仿真规模不大，很难适应现代大型电网的需要。在仿真过程中，为了满足要求，机电-电磁暂态混合仿真技术首先将计算对象的电网拓扑分为电磁暂态计算网络和机电暂态计算网络，接着分别对这两个网络进行计算，在电路连接的接口处进行数据交换，以实现整合的仿真过程，机电－电磁暂态混合仿真技术为交直流混联大电网的研究提供了新思路。

2.3　数字实时仿真技术的发展

2.3.1　数字实时仿真技术介绍

随着数字仿真技术和并行处理技术发展，数字实时仿真技术已经成为电力系统调度运行、规划设计以及试验研究不可或缺的关键工具。在有源配电网领域，数字实时仿真有着明显的优势，并行处理技术和专门设计的硬件保证了数字实时仿真运行的实时性，基于电磁暂态的数字实时仿真能以 $50\mu s$ 仿真步长，实现有源配电网系统级实时仿真。

数字实时仿真技术是一种利用计算机技术、并行处理技术和数字仿真技术来模拟和分析电力系统运行状态的先进工具。这种技术的核心原理是在计算机中建立一个数字模型，该模型能够实时模拟电力系统的动态行为。

（1）技术背景：数字实时仿真系统（RTDS）是计算机技术、并行处理技术和数字仿真技术发展的产物，它不仅具有数字仿真的特点，还通过并行处理技术的采用和专门硬件的设计保证了 RTDS 运行的实时性。这使得 RTDS 能够在 $50\mu s$ 的步长上完成较大规模电力系统的实时仿真运行。

（2）实时性与非实时性的区别：实时数字仿真与非实时数字仿真的主要区别在于时间上的限制。非实时仿真不受时间限制，可以尽量减小步长，增加计算时间来保证模拟的稳定性和精度；而实时仿真则需要在规定时间内完成全部运算，因此更注重模拟方法的快速性和稳定性。

（3）应用领域：实时数字仿真系统广泛应用于电力系统的研究、设计、测试和培训等领域。在电力系统规划和设计阶段，它可用于验证新设备的性能和系统的稳定性。在运行和维护阶段，则可用于培训操作员，提高其在紧急情况下的处理能力。此外，它还用于研究新型控制策略、无功补偿技术等前沿领域，推动电力系统的技术创新和发展。

（4）技术挑战与发展前景：尽管实时数字仿真系统具有许多优势，但仍面临一些挑战，如对大规模、复杂电力系统的仿真需要更高的计算能力和更精细的模型。未来的实时数字仿真系统将更加智能化、自适应和高效化，通过引入人工智能和大数据技术，能够自适应地调整模拟参数，提高模拟精度和效率。同时，它还需不断更新和完善，以适应可再生能源和分布式能源快速发展带来的新挑战——尤其是配电网中大量分布电源（如光伏、风电）和电力设备（如逆变器、储能变流器）的接入需求。

在此背景下，有源配电网实时仿真成为数字实时仿真技术的重要分支。有源配电网实时仿真是指利用仿真软件或仿真平台，结合高性能计算技术，对含有多种分布式电源和电力电子设备的配电网进行实时或近实时的模拟与分析。其实现过程需依托四大核心环节，即搭建模型、采集数据、实时控制和可视化展示。

（1）搭建模型。有源配电网实时仿真需要建立系统的数学模型，包括变压器、发电机组、线路、负荷、新能源发电等设备模型及包含电网拓扑结构的电网模型，这些模型要能够准确反映电力系统的运行特性和响应规律。

（2）采集数据。有源配电网实时仿真需要从现场采集系统运行的实时数据，包括电力设备的状态、负荷情况、电网拓扑变化等信息，这些数据要准确及时地反映电力系统的实时运行状态。

（3）实时控制。有源配电网实时仿真需要实时控制电力设备的运行状态，包括发电机的出力、变压器的调压、线路的负载等。通过对电力设备进行实时控制，可以实现对电力系统的优化和调度。

（4）可视化展示。有源配电网实时仿真需要将仿真结果以图形化的形式展示出来，以便于操作员进行监控和控制，这些图形化展示可以包括电力设备的状态、电网拓扑、电能质量等信息。

2.3.2　实时仿真技术的发展

电力系统实时仿真系统主要有以下三种类型，并经历了以下三个阶段：

（1）基于相似理论的以实际旋转电机为代表的电力系统动态模拟仿真系统，即动模仿真，是最早用来进行电力系统机电暂态以及动态过程研究的实时仿真工具，通常由若干台按比例缩小的电机、一定数量的Π形线路模型、电源、负荷、开关模型以及相应的监测系统和控制系统组成。这些装置的主要优点是直观明了、物理意义明确，它们在电力系统的发展中曾发挥重要的作用，今后仍将发挥一定的作用。其缺点是设备昂贵、占地面积大，可模拟的电力系统规模受制于装置自身的规模和元件的物理特性，装置的可扩展性和兼容性差，难以大量推广。

（2）数模混合式实时仿真系统。数模混合式实时仿真系统中，除电机、动态负荷等旋转元件用数字元件模拟外，其余元件基本上与动模仿真采用的元件一致。但较之早期的动模仿真，其使用的灵活性和对电力系统的研究范围都有了很大提高，对电力系统的实时仿真范围已经可以覆盖电力系统受扰动后的电磁暂态过程、机电暂态过程和中长期动态过程。中国电力科学研究院于1996年从加拿大TEQSIM公司引进的数模混合式电力系统实时仿真系统就属于这类成熟产品，可以仿真电力系统受扰动后的全过程，即同时兼有暂态网络分析仪（transient network analyzer，TNA）和电力系统动态模拟仿真系统两者的功能。数模混合式实时仿真系统的最大优点就是数值稳定性好，仿真规模取决于硬件规模。在数模混合式实时仿真系统中，由于线路、变压器等元件皆为模拟元件，通过这些模拟元件，发电机等数字元件相互间完全解耦，因此只要发电机等数字元件本身无数值不稳定问题，则整个仿真系统就不会因为数值算法产生数值振荡。

虽然在发电机和负荷方面采用扩展性强的数字元件模型，但是由于其主要部分仍是基于相似理论的物理模型，数模混合式实时仿真系统仍然具有动模仿真的缺点，即设备昂贵、占地面积大、规模受限、装置的可扩展性和兼容性差，难以大量推广。

（3）全数字实时仿真系统。尽管电力系统动模仿真系统和数模混合式实时仿真系统在电力系统的实时研究领域发挥着重要的作用，但由于其建模的周期长、重复性差等，人们一直没有放弃对全数字实时仿真系统的探索工作。

电力系统规模不断扩展，复杂性也在不断增加，这促使仿真技术迈上新台阶，特别是电磁暂态仿真领域的发展。20 世纪 60 年代，Dommel 教授首次提出了电力系统电磁暂态仿真理论，并创立了电磁暂态仿真软件 EMTP 的基础框架，这标志着这个领域的起步。随后，在 20 世纪 70 年代，EMTDC 作为首个能够精确模拟高压直流输电等电力电子化系统的电磁暂态仿真软件问世。20 世纪 90 年代，加拿大 RTDS 公司将电磁暂态实时仿真平台进行了商业化。在随后的 30 年中，电力系统电磁暂态实时仿真研究持续进行，并且随着电力电子设备接入引发的高频电磁暂态问题得到越来越多的重视。在 20 世纪 90 年代初，随着商业化高速数字信号处理器（DSP）的问世，加拿大马尼托巴直流研究中心率先推出了国际上第一台电力系统 RTDS。继 RTDS 后法国电力公司、加拿大魁北克的 TEQSIM 等公司也相继进行了全数字实时仿真系统的开发和研制工作。

所有的全数字实时仿真系统，无论其采用什么样的硬件平台，其共同特点都是基于多处理器（CPU）并行处理技术，由系统仿真时装载到该处理器的软件来决定该处理器模拟什么电力系统元件。因此，在时间步长和 I/O（输入/输出）设备的频宽满足要求的情况下，系统的一次元件模型只取决于软件，而与硬件无关。这个显著的特点为用户对未来新元件进行仿真提供了充分的发展空间。但应该注意到，在全数字实时仿真系统中，由于各并行处理器间的通信、数据交换及模型算法等各方面因素的影响，仿真的实时性要求成了限制仿真规模的一个重要问题。

国家电网有限公司运营着庞大的电网系统，在机电暂态仿真技术方面进行了深入研究，结合大电网发展转型的实际需求，坚持自主创新，大力开展电网仿真技术理论研究，并建立多个重点实验室，致力于提升机电暂态仿真技术的水平。与此同时，国内多家科研院所与电力公司携手并进，针对电磁暂态、机电-电磁混合以及数模混合等复杂仿真需求，开发了高性能的仿真工具，这些工具在显著提升仿真速度的同时，也极大地拓宽了仿真技术的应用场景，为电力系统的精准分析与优化决策提供了强有力的支持。

中国南方电网仿真重点实验室则以大规模 RTDS 实时仿真器和自主研发的 SMART 电磁-机电混合实时仿真器为核心，配备了一系列与现场结构性能一致的电力控制保护装置，专注于混联大电网安全运行与控制、特高压直流工程核心技术等前沿领域的研究，为推动我国电力科技的进步与发展作出了重要贡献。

杭州盛星能源技术有限公司，依托浙江工业大学电气工程研究所的强大技术实力，成功研发出 RT1000 系统——一款支持大规模系统级数字实时仿真的尖端平台。该系统在关键技术上实现了重大突破，如 CPU 与 FPGA 异构电磁暂态多时间尺度的并行混合仿真、高速输入/输出互联技术以及多机多核分网并行计算等，从而赋予了 RT1000 系统强大的仿真能力，包括万节点以上规模的电磁暂态仿真、外接多个物理装置的实时仿真以及含大量电力电子设备的精细化仿真等。这一成果不仅为电网事故的快速溯源分析、直流调试方案的精准验证以及交直流电网稳定仿真中的疑难问题处理提供了重要工具,更标志着中国在电力仿真技术领域迈出了坚实的一步。

在仿真软件应用方面,国内已涌现出多款成熟的电力系统仿真软件,如中国电力科学研究院有限公司自主研发的 PSASP、PSD-BPA 等,这些软件凭借其高度的稳定性和广泛的适用性,在电力系统的规划、设计、运行及调度等多个环节发挥着不可替代的作用。随着新型电力系统的快速发展,电磁暂态过程对系统稳定性的影响日益凸显,电磁暂态仿真工具的重要性也随之提升。尽管目前国外电磁暂态仿真软件在中国市场仍占据一定份额,但以 RT1000、ADPSS 等为代表的国产化数字实时仿真系统正迅速崛起,其技术指标已赶超 RTDS、RTLAB 等国际知名品牌,展现出了强大的市场竞争力和广阔的发展前景。

2.3.3 仿真技术的发展趋势

随着以新能源为主体的新型电力系统的发展,新能源发电的比例快速增长,大容量特高压直流输电工程不断增加,以及灵活交流输电等电力电子设备不断涌现并投入实际电力系统运行,给电力系统的动态运行特性带来了深刻的影响,对于电力系统仿真分析,大量电力电子设备在电磁暂态过程中的动作行为,可能会导致后续机电暂态过程中完全不同的结果,给传统的电力系统仿真分析方法和手段带来了严峻的挑战。

直流输电、新能源发电、FACTS 等电力电子快速动作元件,加上传统发电机的慢速元件,导致现代电力系统出现了微秒级、毫秒级、秒级、分钟级等多个不同的时间尺度,刚性特征更加明显,电力系统微秒级和毫秒级的电磁暂态过程、毫秒级和秒级的机电暂态过程以及分钟级及以上的中长期动态过程之间的耦合程度越来越高,相互影响也越来越大,传统的将电磁暂态过程和机电暂态过程两个过程完全割裂,各自计算的电力系统仿真方法已无法适应发展的形势,主要表现在如下几个方面:

(1) 电力电子设备的开关动作过程时时刻刻都在发生,电网扰动引起的微秒级开关动作过程和电磁过程无法忽略,最典型的现象是电网扰动导致的常规直流发生换相失败,并进一步引起交流系统大功率扰动以及频率电压的变化。

(2) 电力电子设备在电网中大量存在,分布广泛且脆弱,各种过电压和潜振问题已经逐步成为影响电网安全稳定运行的主要因素,只考虑基波、采用周波级步长、忽略了大量波过程的机电暂态程序对此类问题显得力不从心,尤其是随着直流电网和分频输电技术的出现,基于交流 50Hz/60Hz 基波的机电暂态程序完全无法完成建模和仿真的任务。

(3) 电磁暂态仿真采用微秒级步长,建模精细且复杂,计算量非常大,传统电磁暂态程序面临着建模困难、仿真规模大、数值稳定性差、初始化困难、计算速度慢等问题的多重挑战,很难应用于大规模区域电网的仿真。

以新能源为主体的新型电力系统的发展,使得电力系统的仿真技术必须产生巨大的变革,急需既能够精确仿真电力电子设备的微秒级快速动作过程,同时又能准确反映电网毫秒秒级动态特性的革命性的大电网仿真技术、仿真程序和仿真平台出现。

电磁暂态仿真基于电压、电流的瞬时值计算,支持工频交流、直流以及宽频仿真,暂态过程模拟更加详细，是研究复杂电力电子设备瞬时动态特性、控制保护策略以及安全稳定规划的重要手段。电磁暂态仿真的基本理论方法都已经比较成熟，通过引入先进计算机技术、改进仿真算法，实现大规模电力系统的全电磁暂态仿真，将是电力系统仿真分析技术的一个重大突破，为以新能源为主体的新型电力系统的科学构建和安全高效运行提供必要的仿真分析工具。

2.4 仿真系统介绍

2.4.1 RT1000 数字实时仿真系统

RT1000 数字实时仿真系统是一个分布式全数字化实时仿真与半实物试验系统，具有灵活性强、计算速度快和可扩展性的特点，可有效解决各种复杂仿真和控制问题（图 2.4.1）。

RT1000 数字实时仿真系统典型的仿真步长为 $50\mu s$，具有先进的并行进程技术和精准的电力系统模型，广泛应用于快速控制器原型开发、实时硬件在环控制和测试、电磁暂态现象的动模系统的研究和仿真。

RT1000 数字实时仿真系统能够持续输出准确的仿真数据，准确地反映实际电网的情景；它可以实时模拟电力系统的运行状况，以及物理系统中难以完成的仿真任务；通过动态模拟或实时数字仿真，它可以建立电力系统的模型，模拟各种运行情况和短路故障。这些仿真结果可以通过 I/O 接口与实际设备相连接，形成方便灵

图 2.4.1 RT1000 数字实时仿真系统

活的数字-物理闭环回路，以便进行各种继电保护装置或控制方面的实验。RT1000 数字实时仿真系统的并行处理技术和专门的硬件设计，保证其可以在电磁暂态时间尺度上完成大规模电力系统的快速仿真运行以及实时仿真运行，实现以更高维度的数据空间来映射、表征电网中各类繁杂的实体及事件，充分挖掘和发挥海量数据资源，从而全面服务于电网的运行和控制。

2.4.2 技术架构

RT1000 数字实时仿真系统在确保超大规模交直流电网精确仿真的同时，明显提升了仿真效率，以满足电网运行和规划不断发展的需求。数模仿真系统主要解决大规模交、直流电网仿不准的问题，并对数字仿真系统进行校准；数字仿真系统则用来解决大规模电网仿真专业的并行计算系统被设计用来解决庞大的交、直流电网仿真过程中仿真速度缓慢的问题；同时，数据中心和模型库则为数模和数字仿真系统提供了不可或缺的核心软件研发和数据支持。

数模仿真系统采用数字实时仿真系统和控制器、保护设备等物理设备，通过和现场故障、电网调试等数据进行比较，确保仿真结果的高精度性。将数模仿真的成果应用于数字仿真系统，对其中的数字仿真模型进行校准，实现数模到数字仿真系统的精度传递，从而保证数字仿真系统的高精度仿真。数字仿真系统利用并行仿真技术，实现对大规模交、直流电网的高性能数字仿真，实现电网规划运行的安全稳定分析计算。图2.4.2为高精度数字实时仿真系统技术架构。

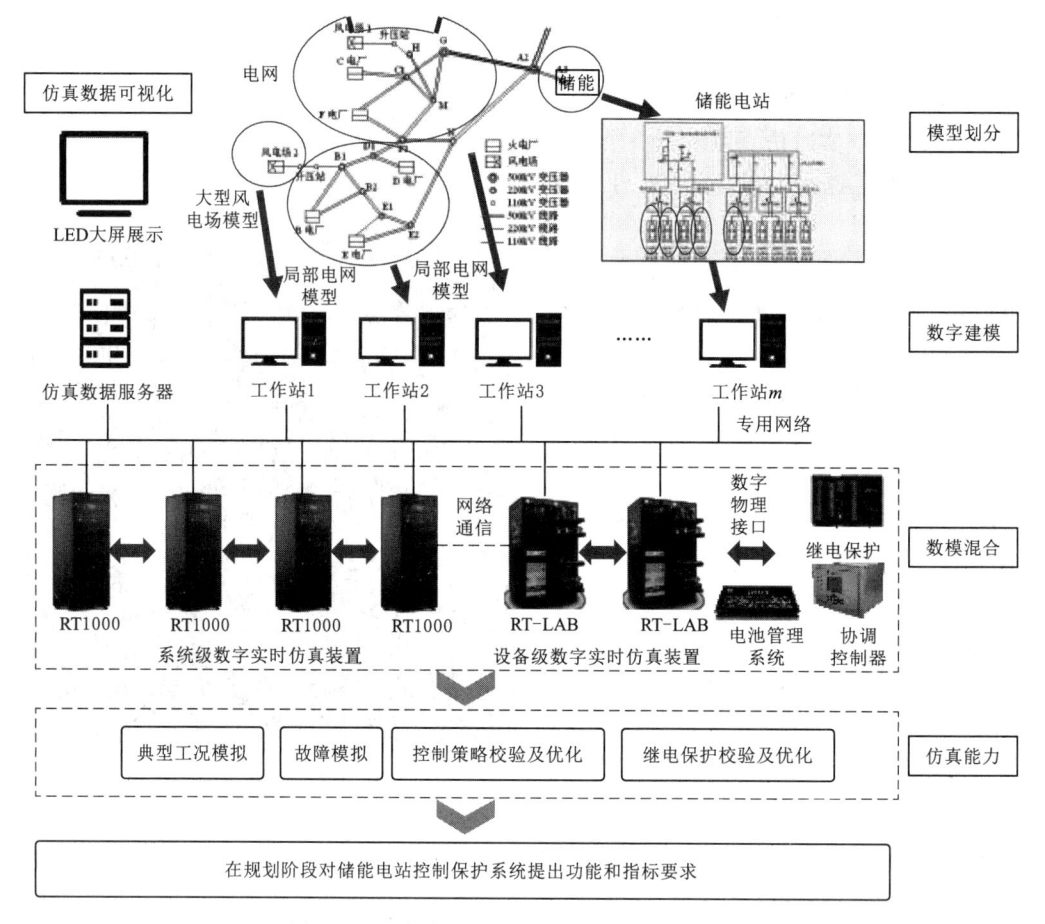

图 2.4.2　高精度数字实时仿真系统技术架构

2.4.3　系统特点

RT1000数字实时仿真系统数据接口丰富，支持电力行业专业的I/O接口和Modbus、TCP/IP、IEC61850等常用通信协议。RT1000基于高性能处理器结合实时操作系统，为复杂的模型仿真提供运算能力保障。RT1000支持多速率并行运行，模型计算可以在单个CPU内的多个核心之间，或者跨多台仿真计算机之间进行分布式并行运算，多机之间采用工业级高速通信协议，通信延迟达微秒级，且可配置不同的运算步长。RT1000能够灵活高效便捷地使用多项目模型同时运行，支持多用户远程调用，提供丰富的模型库，包括I/O扩展、专业化模型等，并且可以在运行时动态调整模型参数。RT1000的软件界面提供对每个 CPU 内核上的模型运行的统计数据,包括运算时间、通信时间、CPU 的计算资源裕度等时间信息。

基于上述 RT1000 数字实时仿真系统丰富的数据接口、强大的运算能力、多速率并行运行模式、灵活的多项目操作以及直观的软件界面等特点,RT1000 在多个关键技术领域也展现出了卓越的性能与创新能力。下面将详细介绍其在大电网电磁暂态智能建模、高效并行实时仿真技术、海量交互数据的高速串行协议通信数字实时仿真接口方案以及分散式硬件接口软同步技术等方面的应用与优势。

(1) 大电网电磁暂态智能建模。利用参数自动转换、智能化网络拓扑以及可复用解耦技术,RT1000 实现了电磁暂态模型的智能容错功能,能够批量调整和自动校核,从而显著提升了建模效率和建模精度,为大电网电磁暂态建模带来了重大突破。

(2) 高效并行实时仿真技术。借助网络拓扑分析,RT1000 能够自动产生任务块,并评估这些任务块中电网元件的计算资源需求,从而实现任务并行计算核的智能分配。这种分配方式的目标是减少任务间通信的负荷,同时还可以根据需要灵活地锁定与硬件相关的接口任务计算承载核。

(3) 海量交互数据的高速串行协议通信数字实时仿真接口方案。RT1000 通过光纤将多回直流控制保护装置的接口信号连接到分布式 PCIE 接口,使用串行高速通信协议进行信号交互。相比传统的电缆并行传输方式,这种设计使得单根光纤能够传输的信号数量增加了 200 倍。通过充分利用超级计算机的多核并行架构,RT1000 能够高效地汇集海量信号,有效地解决了由于接口信号数量庞大而可能引起的交互阻塞和延时过大的问题。

(4) 分散式硬件接口软同步技术。RT1000 利用多核并行计算机内部时钟进行软同步,实现了多个分散位置硬件接口之间的数据同步交互。这种方法确保了数字实时仿真的高度准确性和可靠性,满足了对实时仿真的严格要求。

2.4.4 系统型号

RT1000 数字实时仿真系统具备业内最高的单机计算能力,每种型号配备了不同的处理单元,RT1000-0080 型号最高可配置 80 个处理单元。不同型号配备的处理器不同,型号参数也不同。RT1000 型号通用参数表包括系统的接口、尺寸、工作温度和防护等级的相关参数,见表 2.4.1。

表 2.4.1　　　　　　　　　　**RT1000 型号通用参数表**

型号	通 用 参 数			
	接　口	尺寸	工作温度	防护等级
RT1000	4×1000M 实时传输端口; 4×MSB3.1 接口; 2×DVI 接口; 2×Display port 显示接口; 2×RS232 数据传输通道,可扩展 3 路 RS232 通道; PS/2 键盘和鼠标接口;	1820mm× 600mm× 620mm	0~55℃	IP20

RT1000 型号非通用参数表包括系统的处理器、内存和硬盘参数,见表 2.4.2。

表 2.4.2　　　　　　　　　　　RT1000 型号非通用参数表

型号	处理器	内　　存	硬　　盘
RT1000-0050	i7 7700 3.6GHz 8 核	4~64GB DDR4 RAM	1~4TB 可扩展数据硬盘
RT1000-0060	i7 7700 3.6GHz 16 核	4~64GB DDR4 RAM	1~4TB 可扩展数据硬盘
RT1000-0070	Xeon® Gold 2.0GHz 32 核	64~1024GB DDR4 RAM ECC	硬盘，$3\frac{1}{2}$ 英寸，1TB，可移动框架硬盘，最高 2TB，固态硬盘，CFast
RT1000-0080	Xeon® Gold 2.0GHz 80 核	64~1024GB DDR4 RAM ECC	硬盘，$3\frac{1}{2}$ 英寸，1TB，可移动框架硬盘，最高 2TB，固态硬盘，CFast

2.4.5　I/O 接口

I/O 接口用于信息处理系统与通信，RT1000 数字实时仿真系统配有 600 多种型号的 I/O 接口，可通过不同的参数等级进行划分。

1. 数字量输入接口

数字量输入接口提供了将数字量数据（如开关信号、计数器、编码器、脉冲信号）输入到 RT1000 系统中的能力。RT1000 数字量输入接口通常由输入信号接收模块和数字量判定电路两个部分组成。输入信号接收模块负责将来自外部的数字量信号转换为 RT1000 系统所需的电信号形式，数字量判定电路则负责将输入信号转换为 RT1000 系统中的逻辑状态。一些较新的型号还可能配备了额外的功能，如数字量保护、故障检测和自校准等，这些功能可进一步提高数字量输入的精度和可靠性。

2. 数字量输出接口

数字量输出接口是用于将 RT1000 系统中的逻辑状态转换为数字量信号（如控制信号、报警信号、状态指示灯等）输出至外部设备的接口。RT1000 数字量输出接口通常由数字量判定电路和输出信号发送模块两个部分组成。数字量判定电路负责将 RT1000 系统中的逻辑状态转换为数字信号，输出信号发送模块将数字信号转换为外部设备所需的电信号形式。一些较新的型号还可能配备额外的功能，如故障检测、过流保护、输出保持和状态指示等，这些功能可增强数字量输出的精度和可靠性，并提供额外的安全保护。

3. 模拟量输入接口

模拟量输入接口是用于将模拟量信号（如电压、电流、温度、压力等）输入到 RT1000 系统中进行仿真分析的接口。RT1000 模拟量输入接口通常由模拟量转换芯片、信号调理电路、模拟量输入缓冲电路等部分组成。这些组件协同工作，将外部传感器、仪表或其他模拟量源输出的信号转换为 RT1000 系统所接受的电信号形式。某些型号还可配备额外的功能，如高速采样、多通道同步采样、校准和数字滤波等，这些功能可提高模拟量输入的精度、可靠性和稳定性，并进一步提高 RT1000 系统在电网稳定性研究和保护方面的应用能力。

4. 模拟量输出接口

模拟量输出接口是用于将数字信号（如控制信号、测量数据、仿真结果等）转换为模拟量信号（如电压、电流、频率等）输出至外部设备的接口。RT1000 模拟量输出接口通常由数字模拟转换器、输出电缓冲电路、信号放大电路等部分组成，这些组件协同工作，将 RT1000 系统中的数字信号转换为外部设备所需的电信号形式。某些型号还可配备额外的功能，如输出保持、多速率采样和锁相环等。这些功能可提高模拟量输出的精度、可靠性和稳定性，并进一步提高 RT1000 系统在电气控制和实时仿真领域的应用能力。

2.4.6 通信协议

RT1000 数字实时仿真系统支持丰富的通信协议，例如：PROFIBMS、PROFINET、Ethernet/IP、CANopen、DeviceNET、Modbus、RS485 等，下面介绍几种常用通信协议。

（1）PROFINET。该协议划分为 V1、V2、V3，通过以太网来实现实时控制和运动控制。V1 采用 TCP/IP 协议，采用标准的以太网；而 V2 和 V3 绕过 TCP/IP 协议，采用另外的网络层和传输层协议。

（2）EtherNet/IP。应用层采用 CIP 协议，工业以太网的数据链路层采用 CSMA/CD，网络层和传输层采用 TCP/IP 协议族。EtherNet/IP 有 CIPSafety、CIP Sync 和 CIP Motion 来完成功能安全、高精度同步和运功控制等功能。

（3）Modbus。该协议的主要目标是在现代通信环境下实现数据传输和通信，为 I/O 模块，以及连接其他简单域总线或 I/O 模块的网关服务。

2.4.7 仿真软件介绍

RT1000 软件是一款能实现实时运行控制的可模块化管理的仿真软件组件，具有很强的灵活性，可随时修改和添加功能。RT1000 软件提供了一个可编程的、实时响应的仿真环境，能够准确地模拟各种电力系统的动态响应和控制策略。RT1000 软件能够模拟各种规模的电力系统网络，包括发电机、变电站、输电线路、配电网等各种设备，在实时运行过程中能动态调整信号参数，并起到监视作用。

Simulink 软件与 RT1000 数字实时仿真软件（以下简称"RT1000 软件"）两者相互配合，Simulink 软件主要用于搭建模型，将 Simulink 模型转换为数字实时仿真运行模型，然后加载到 RT1000 软件中运行，从而达到实时运行的效果。对于实时控制软件编程，RT1000 软件可以在 IEC 61131-3 编程语言、C++ 和 MATLAB/Simulink 之间灵活选择；RT1000 软件提供程序代码的集成调试选项和控制硬件的诊断功能，开发组件可以通过添加诸如软件示波器等功能的方式进行功能扩展；数字实时仿真软件将所有开发组件集成到 Microsoft Visual Studio 中，从实时仿真运行到可视化和数据分析，所有操作都在一个集成式环境中进行；RT1000 软件提供多样化的接口，可以方便地通过 OPCUA 等协议实现与数据库或云端服务器的 IT 连接；在现有协议的基础上可以根据需求扩展新的协议，支持所有常见的现场总线系统，因而能够灵活响应现场总线领域的不同需求。

在实时仿真的过程中，RT1000 软件具有两大主要功能，分别是数字实时仿真控制和自定义绘制用户界面。

2.4.7.1 数字实时仿真控制

RT1000软件主要有实现模型导入、运行、暂停、快照、在线参数调整、仿真状态显示等多种功能，具体如下：

（1）模型的导入、激活、运行和暂停。具体的电网仿真模型运行在RT1000数字实时仿真系统的硬件设备中，RT1000数字实时仿真软件作为软控制器运行在上位机PC中控制整体电网的运行状态，在使用界面能非常方便地进行模型导入、激活和运行，可随时暂停观察仿真数据。

（2）模型参数在线调整。RT1000软件作为RT1000数字实时仿真系统控制器的核心部分，具有良好的开放性和可扩展性。具备跨PC的能力，同样的程序可以运行在不同的PC上，同时也能够用于控制I/O模块和驱动器，兼容多种现场总线。电网仿真模型运行在RT1000数字实时仿真系统中时，可以在模型运行状态下修改模型参数。

（3）仿真状态显示。RT1000软件可以将仿真数据以可视化的方式展现出来，使得用户可以更加直观地了解仿真结果和仿真过程，用户可以通过鼠标等输入设备控制显示的内容和方式，可以自定义显示范围、颜色、透明度等参数。

2.4.7.2 自定义绘制用户界面

RT1000软件具有自带的自定义绘制用户界面，借助图形化的手段，可以清晰有效地传达与沟通信息，在适应用户的操作习惯的同时帮助用户更好地分析数据。自定义绘制用户界面的特点如下：

（1）灵活性强。自定义绘制用户界面可以随意创造各种独特的界面效果，无限制地发挥创造力，适应各种需求。

（2）操作掌控性强。自定义绘制用户界面可以根据实际情况进行设计，界面操作方式可以针对不同用户分类，大大提高了用户对界面的掌控性。

（3）用户体验优秀。自定义绘制用户界面可以根据用户喜好及使用习惯进行优化，以形式美观、交互舒适为基础思路关注用户需求，增强用户体验。

（4）运行效率高。相对于传统的界面开发，自定义绘制用户界面在运行效率上能够实现高速运行。

（5）可维护性良好。由于自定义绘制用户界面具备灵活性，单一组件之间的耦合度较低，因此界面的维护性得到提高。

第3章 有源配电网仿真模型

本章介绍有源配电网电磁暂态仿真的建模环境及常用模型库，按模型原理、参数含义的思路分别介绍常用的基础模型、基本电路模型以及有源配电网主要设备模型，并以案例的形式说明设备模型的参数设置及使用方法。

3.1 建模环境

3.1.1 Simulink 软件介绍

有源配电网仿真建模需要利用 Simulink 环境。Simulink 是一个模块图环境，用于多域仿真以及基于模型的设计。它支持系统设计、仿真、自动代码生成以及嵌入式系统的连续测试和验证。Simulink 与 MATLAB 紧密集成，可以直接访问 MATLAB 大量的工具来进行算法研发、仿真的分析和可视化、批处理脚本的创建、建模环境的定制以及信号参数和测试数据的定义。Simulink 是由 MathWorks 公司开发的一款基于 MATLAB 的强大多领域仿真和模型设计工具，自 1990 年年初推出以来，已经发展成为功能全面的系统建模、仿真和分析平台。它提供了一个直观的图形用户界面，用户可以通过拖曳和连接模块（blocks）来构建系统模型，而无需深入编写复杂的代码，这种可视化的建模方式极大地降低了建模的门槛，使得工程师和研究人员能够更快速、更高效地进行系统设计和仿真。Simulink 支持多种类型的动态系统的仿真，包括连续时间、离散时间、混合信号系统等，能够应用于控制系统、信号处理、通信系统、嵌入式系统以及物理建模等多个领域。

在 Simulink 中，每个模块代表不同的功能，如加法、乘法、积分、传递函数等，用户可以根据需要将不同的模块进行组合和连接，以构建出复杂的动态系统模型。这种模块化的设计方式不仅提高了建模的灵活性，还有助于用户更好地理解和分析系统的行为。此外，Simulink 提供了丰富的预定义模块库，涵盖控制系统、信号处理、通信、电力系统、物理建模等多个领域，用户可以直接从库中选取所需的模块进行系统建模，大大提高了建模的效率。

Simulink 的图形化建模环境使得用户能够轻松地创建、编辑和仿真动态系统模型。用户可以通过拖放模块来构建模型，利用子系统功能将大规模模块进行归类集成，有助于提高模型的规范性和开发效率。同时，Simulink 还支持创建工程项目，对于高度复杂且涉及多个 Simulink 模块文件之间的连接和调用的情况，工程项目能够对其进行归类管理，使其能够在工程的主模块文件内调用工程中的其他模块文件形成一个大规模的仿真模型。此外，Simulink 工程项目还支持工程文件处理与分析、工程外部辅助功能，极大地提高了开发者的开发效率。

在仿真方面，Simulink 支持连续和离散时间步长的仿真，用户可以选择固定步长或可变步长来控制仿真精度和效率，适应不同类型的系统建模需求。同时，Simulink 还提供了多种仿真求解器和结果分析工具，能够直观地展现分析结果，使用户能够更深入地理解和优化系统行为。此外，Simulink 还支持实时仿真，允许用户与硬件进行交互，在控制系统和嵌入式系统设计中这一点尤其重要，可以将模型直接部署到硬件上进行测试。

Simulink 与 MATLAB 紧密集成，用户可以在 Simulink 中调用 MATLAB 的函数或脚本来执行复杂的计算。此外，用户还可以通过 MATLAB 编写自定义模块，并将其集成到 Simulink 模型中，进一步扩展了 Simulink 的建模能力。这种无缝集成的特性使得用户能够充分利用 MATLAB 和 Simulink 各自的优势，进行更高效的系统设计和仿真。

Simulink 在多个领域都有广泛的应用。在控制系统设计中，Simulink 具有强大的控制系统设计和分析功能，用户可以设计 PID 控制器、状态空间模型、传递函数等，并使用仿真工具来分析系统的稳定性、响应速度和精度。在信号处理与通信系统中，Simulink 支持调制解调、滤波、信号生成等功能模块，适用于无线通信、雷达和音视频处理等领域。在航空航天与汽车领域，Simulink 常用于飞行控制系统、自动驾驶系统、发动机控制等复杂系统的设计和仿真，这些行业需要高度精确地建模和仿真，以确保安全性和性能。在电力系统与电力电子设计中，Simulink 常用于建模电力传输系统、控制逆变器和电动机，以及仿真电力设备的动态行为。此外，Simulink 还可以用于机器人系统的建模和仿真，包括运动控制、路径规划、传感器融合等领域。

Simulink 还支持自动化测试和验证功能，允许用户通过测试框架验证模型的正确性，并生成测试报告。此外，用户可以使用 Simulink Verification and Validation 工具来确保模型符合设计要求和标准。这些功能使得 Simulink 在开发和验证复杂系统时更加可靠和高效。

除了基本的建模和仿真功能外，Simulink 还支持软件的开发与封装。利用 Simulink 中的 App Designer 设计模块 GUI 交互界面，用户可以对模型进行封装和调试。这种封装和调试的能力使得 Simulink 在嵌入式系统开发中更加有用，用户可以将系统模型转换为可以在硬件上运行的代码，缩短了从设计到实现的时间。

Simulink 还支持 Git 代码管理，能够通过 Git 进行多人协作、代码管理更新，提高开发效率。使用 Simulink 的代码管理首先需要安装 Git 并注册相应的账号，在代码管理网站如 GitHub 或 Coding 等创建代码仓库并在 Simulink 中指定代码仓库地址。通过源代码管理中的提交和推送功能，用户可以将最新 Simulink 工程上传至代码仓库中，便于团队成员之间的共享和协作。

此外，Simulink 还提供了丰富的案例和第三方工具，对目前的较为前沿的研究领域和研究方向都会提供较为详尽的说明和参照。这些案例和工具不仅有助于用户更好地理解和应用 Simulink，还为用户提供了更多的建模和仿真思路和方法。

Simulink 的主要特点如下：

（1）可视化建模。支持连续时间、离散时间、混合信号系统等多种类型的动态系统仿真，以及具有多种采样速率的多速率系统。

（2）多领域仿真。Simulink 模型库支持用户自定义开发，也可以修改已有模块的图标，重新设定对话框。Simulink 允许用户把自己编写的 C 语言、FORTRAN、Ada 等代码直接植入 Simulink 模型中。

（3）算法开发。Simulink 凭借其优秀的积分算法，在非线性系统仿真方面展现出极高的精度，广泛用于算法的开发和测试，特别是嵌入式系统和控制系统的算法。这些特性使得 Simulink 成为一个强大的工具，支持复杂系统的精确建模与仿真，为用户提供了探索和分析系统行为的高效途径。

（4）数据分析和可视化。提供了丰富的数据分析工具和可视化模块，用户可以直观地分析和理解系统的行为。

（5）扩展性强。用户可以根据自己的需求编写自定义的模块库，建立子系统，并进行封装。

本书仿真建模依托于 MATLAB 2018a 中的 Simulink 版本开展。

3.1.2 Simulink 模型库

在有源配电网建模中，主要使用的是标准 Simulink 模型库和 Simscape 模型库。

3.1.2.1 标准 Simulink 模型库

标准 Simulink 模型库包含常用模块（Commonly Msed Blocks）、连续模块（Continuous）、离散模块（Discrete）、数学计算模块（Math Operation）、信号数据流模块（Signal Routing）、接收器（Sinks）模块、输入源模块（Sources）以及用户自定义函数库（Mser-Defined Functions）等 21 个子模型库，如图 3.1.1 所示。

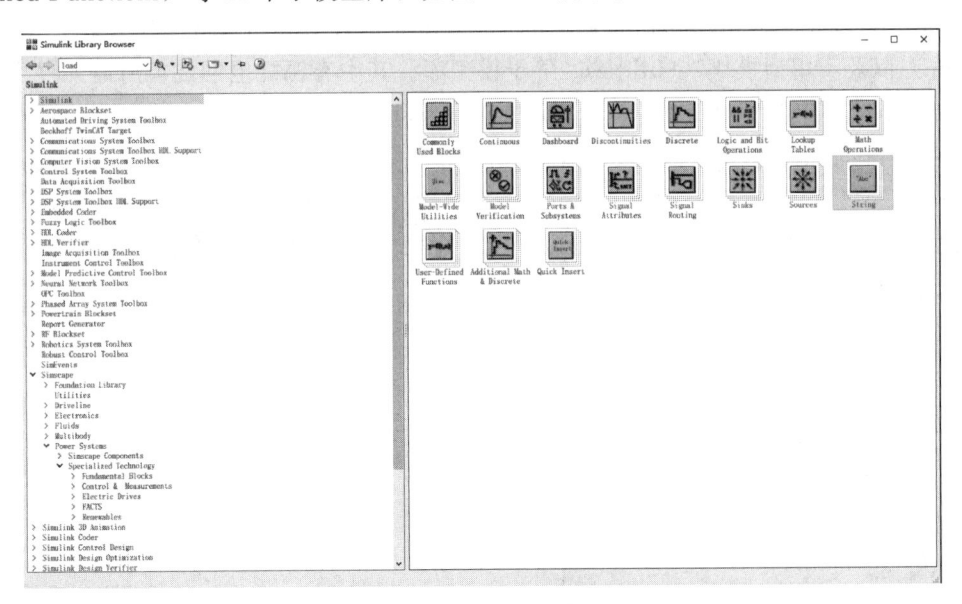

图 3.1.1 标准 Simulink 模型库

其中，常用模型库主要包括各子模块库中最常用的模型，以方便用户使用。

（1）连续模块库：提供了用于构建连续控制系统仿真模型的模块，包括有微分单元（Derivative）、积分单元（Integrator）、延时单元（Transport Delay）、可变传输延时单元（Variable Transport Delay）等。

（2）离散模块库：其功能所包含的模块基本与连续系统模块库相对应，如离散时间积分器（Discrete-time Integrator）、一个采样周期的延时（Unit Delay）、可变整数延迟（Variable Integer Delay）等。

（3）数学计算模块库：提供了加（Add）、减（Subtract）、乘（Product）、除（Divide）以及复数计算等计算模块，包括输入信号绝对值单元（Abs），计算复位信号幅度/相位单元（Complex to Magnitude-Angle）等数学函数。

（4）信号数据流模块库：提供了用于仿真系统中信号和数据各种流向控制操作，包括合并（Bus Creator、Mux）、分离（Bus Selector、Demux）、选择（Switch）、数据传输（From、Go to）等模块。

（5）接收器模块库：提供了10种常用的显示和记录仪表（Out1、Display、Scope、Terminator等），用于观察信号的波形或记录信号数据。

（6）信号源模块库：提供了20多种常用的信号发生器（Clock、Constant、In1、Ground、Step、Sinewave等），用于产生系统的激励信号，并且可以从MATLAB工作空间及.mat文件中读入信号数据。

（7）用户自定义函数库：通过将自定义函数引入系统模型，用户可以扩展模型的能力，实现更复杂的计算和行为。

3.1.2.2　Simscape模型库

Simscape模型库中包含动力传动库（Driveline）、电子元件（Electronics）、流体元件（Fluids）、基础元件（Foundation Library）、多体元件（Multibody）、电力系统（Power System）以及实用型模块（Utilities）等子模型库。其中有源配电网建模所需元件主要集中于电力系统库中的专业技术（Specialized Technology）子模型库，如图3.1.2所示。

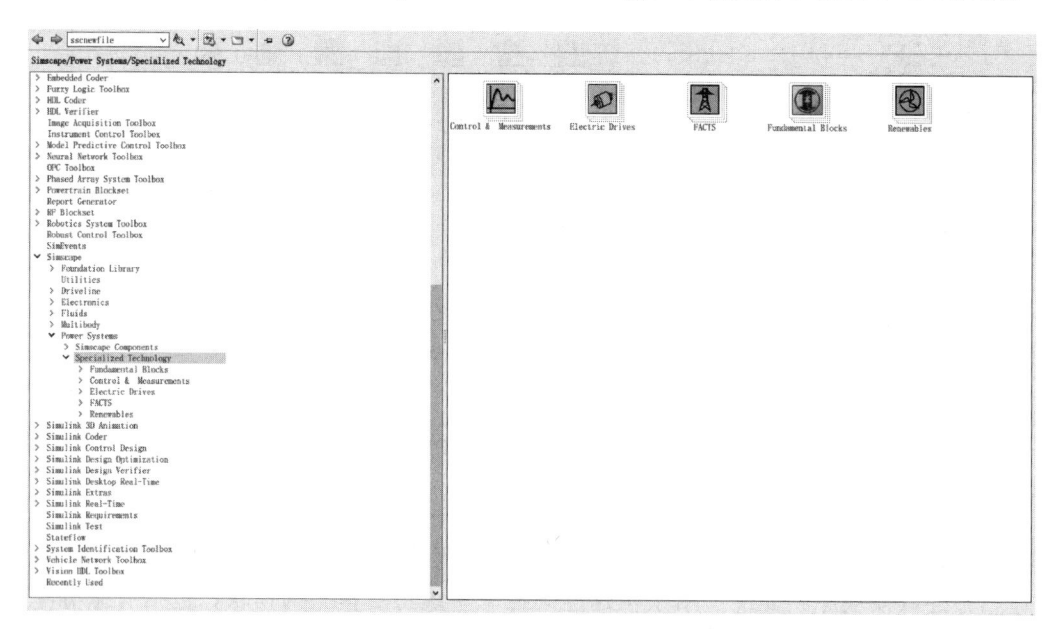

图3.1.2　Simscape模型库

其中，控制和测量模块（Control & Measurements）库包括均方根（RMS）计算模块、总谐波畸变计算模块（DHL）、锁相环（PLL）等配电网建模计算所需的模块；电动驱动器模块（Electric Drives）包括电池（Battery）、燃料电池堆（Fuel Cell Stack）等模块；柔性输电模块（Facts）包括常用的柔性输电模型；基础模块库（Fundamental Blocks）包括电力系统中的交直流电源、负荷、测量等电气元器件；可再生能源模块（Renewables）包括光伏（Solar）、风机（Wind Generation）等新能源发电仿真案例模型。

3.2 基础模型

本节将对有源配电网仿真所需的常用模型进行详细介绍，包括常用控制计算模型和基本电路模型。电力系统建模参数有两种单位，分别是标幺值 pu 和有名值 SI，可以相互转换。

电磁暂态仿真建模时常见的几类电力系统元件模型有：①无源器件。如电阻器、电容器、电感器、线路、变压器以及非线性的电阻和电感等有源器件。常规的电压源和电流源、三相同步发电机及其轴系部分、电机模型等。②开关器件。如理想开关、随机开关、断路器以及电力电子开关（二极管、晶闸管、GTO）等。③高压直流输电（HVDC）、柔性交流输电（FACTS）等。

对上述元件的电磁暂态建模，主要是将其描述电路特性的微分或偏微分方程离散化，以解决与其他元件和主程序之间的接口问题。以下以常见的电感元件、开关元件和高压直流输电模型为例，介绍电磁暂态仿真算法的基本思路。

（1）电感元件。单相支路的电感元件的微分方程为

$$u_{km}(t) = L \frac{\mathrm{d}i_{km}(t)}{\mathrm{d}t} \tag{3.2.1}$$

式中：L 为电感；$u_{km}(t)$ 为电感支路 k、m 两端的电压；$i_{km}(t)$ 为流过电感支路 k、m 的电流。使用梯形积分法将式（3.2.1）离散化，取步长为 Δt，得差分方程为

$$i_{km}(t) = Gu_{km}(t) + h(t) \tag{3.2.2}$$

$$h(t) = i_{km}(t - \Delta t) + Gu_{km}(t - \Delta t) \tag{3.2.3}$$

$$G = \frac{\Delta t}{2L} \tag{3.2.4}$$

式中：G 为电感的等值电导；$h(t)$ 为表达过去状态的等值电流源，又称历史项。

对 t 时刻而言，$h(t)$ 是由该时刻之前的状态决定的，是已知的。这样，将求解微分方程式（3.2.1）的问题转变成求解代数方程的问题，只需在每个时间步长更新历史项 $h(t)$ 即可。该方法最初由多梅尔（H. W. Dommel）创建，也称为多梅尔（Dommel）法，已在电磁暂态仿真中得到了广泛的应用。

采用类似方法，可将电容 C、电阻 R 或由 $R-L-C$ 构成的串联支路写成类似式（3.2.2）的形式。线性多相耦合电阻、电感、电容支路，通常可以写成矩阵形式 $[\boldsymbol{R}]$、$[\boldsymbol{L}]$、$[\boldsymbol{C}]$，也可以通过梯形积分法将微分方程组离散化后得到类似式（3.2.2）的代数方程组，从而进行求解。

（2）开关元件。开关元件包括理想开关、断路器、电力电子开关等。

理想开关是模拟开关在开断和闭合状态时的一种理想化模型。假定在闭合状态时，触头间的电阻等于零，即开关上的电压降等于零；开断状态时，触头间的电阻等于无限大，即经过开关的电流等于零。开关的分、合操作是在瞬间完成这两种状态之间的过渡，在电磁暂态仿真中表现为导纳阵的修改。

断路器元件需要考虑更复杂的断路器灭弧过程，计及弧隙电阻的影响。交流电流过零前，弧隙有一定的非线性电阻；交流电流过零时，弧隙也不可能由导电状态立刻转变为绝缘介质，弧隙仍有一个较大的非线性电阻。弧隙电阻的非线性特性较为复杂，目前多采用Mayr（麦尔）方程。

电力电子开关包括二极管、晶闸管、绝缘栅双极型晶体管（IGBT）、门极可关断晶闸管（GTO）等，它可分为不可控器件、半控型器件和全控型器件，其开关导通和关断的触发条件各有不同。在电磁暂态仿真中，电力电子器件通常可按照理想开关方法处理，并通过串联和并联一些元件以近似模拟它们导通和关断时的动态特性。

（3）高压直流输电模型。高压直流输电系统的电磁暂态模型包括一次系统模型和二次系统模型。一次系统模型通常参照直流输电系统的实际拓扑和参数，采用基础元件搭建而成即由晶闸管、缓冲电路构成阀臂元件，6个阀臂元件及触发脉冲发生器构成一组六脉动换流器。六脉动换流器、换流变压器、直流输电线路、接地极线路、平波电抗器、交/直流滤波器等进一步构成高压直流输电一次系统的完整电磁暂态模型。

针对不同的直流工程和不同的控保（控制保护）设备厂家，高压直流输电系统的二次系统模型也不尽相同，但通常包括主控、低压限流控制、电流控制、电压控制、电压恢复控制、关断角控制、整流侧最小触发角控制、换相失败预测、重启动控制等基本模块。

3.2.1 基础控制测量模型

3.2.1.1 Powergui 模块

Powergui 模块为电力系统仿真所必需的驱动模块，如图 3.2.1 所示。模块的提取路径均为：Simscape/Power Systems/Specialized Technology/Fundamental Blocks。

Powergui 的仿真模式（Simulink type）有连续模式（Continuous）、离散模式（Discretization）或者相角（Phasor）模式，可根据实际仿真需求设定，在有源配电网仿真中通常采用离散模式，仿真步长（Sample time）为 $50\mu s$，如图 3.2.2 所示。

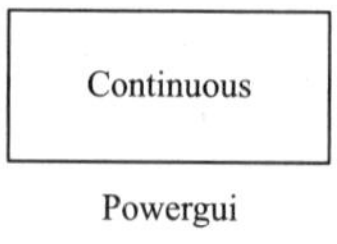

图 3.2.1 Powergui 模块 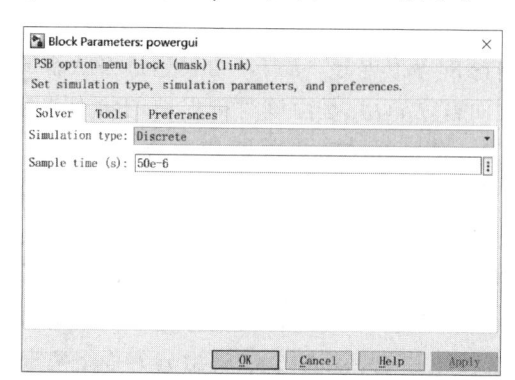　　图 3.2.2 Powergui 参数设置

3.2.1.2 测量模块

有源配电网仿真过程中常用的测量模块有电压测量（Voltage Measurement）、电流测量（Current Measurement）和三相电压电流测量（Three-Phase V-I Measurement）模块，如图3.2.3所示。三个模块的提取路径均为：Simscape/Power Systems/Specialized Technology/Fundamental Blocks/Measurements。

（a）电压测量　　　　（b）电流测量　　　　（c）三相电压电流测量

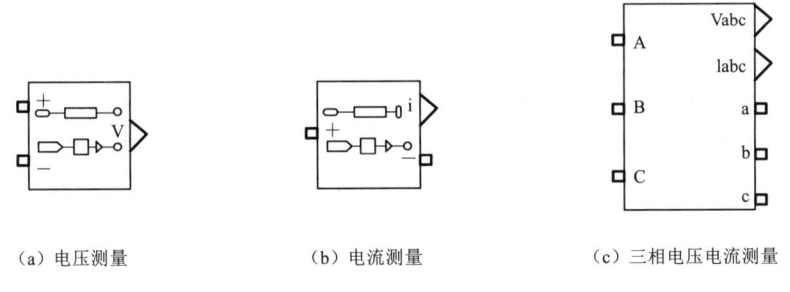

图 3.2.3　常用的测量模块

双击模块便能设置模块参数属性。如图3.2.4所示，电压测量模块和电流测量模块输出信号（Output Signal）的类型有4种，分别是：复合（Complex），输出是一个复信号；实部-虚部（Real-Image），输出是包含测量信号实部和虚部的向量；幅度-角度（Magnitude-Angle），输出测量信号的幅度和角度；幅度（Magnitude），输出是一个标量值。通常选择默认，复合（Complex）。

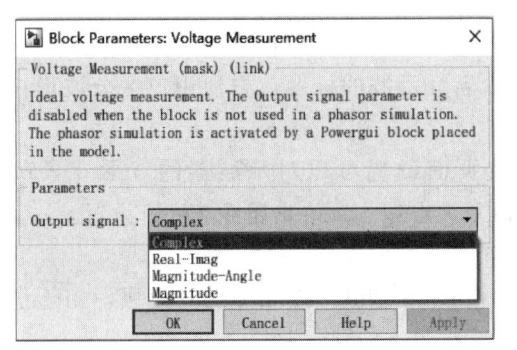

（a）电压测量模块参数　　　　（b）电流测量模块参数

图 3.2.4　模块参数设置

如图3.2.5所示为三相电压电流模块的参数设置，参数 Voltage measurement 可选择相电压 phase-to-ground（默认）、线电压 phase-to-phase 或不需要测量 no，勾选 Use a lable 复选框后可以对所测量的电压和电流进行命名；参数 Current measurement 选择 yes 或者 no 来控制是否需要测量电流。

3.2.1.3 示波器模块

如图3.2.6所示为示波器模型，用于各种信号的波形展示，提取路径为：Simulink/Commonly Msed Blocks。

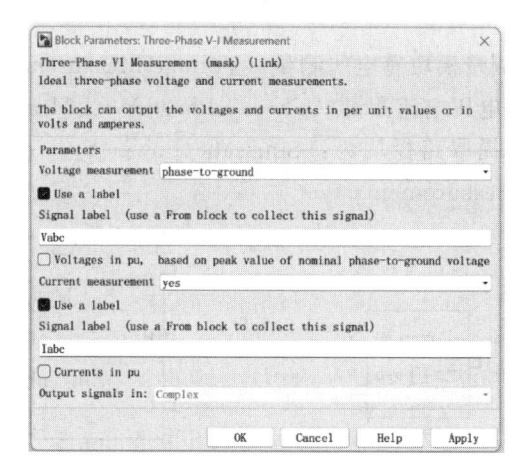

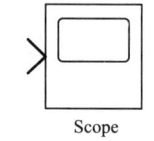

图 3.2.5　三相电压电流模块参数设置　　图 3.2.6　示波器模型

如图 3.2.7（a）所示，参数 Open at simulation start 代表的是当仿真运行时，示波器自动跳出。参数 Display the full path 代表显示 Simulink 文件的全路径。参数 Number of input ports 可以设置输入信号的个数；参数 layout 则是对波形页面进行布局。参数 Sample time 用于指定波形数据采用时间，默认为－1，代表的是与仿真时间同步。

如图 3.2.7（b）所示，参数 Time span 表示模拟启动和停止时间之间的差异；参数 Time‐axis labels 表示时间轴标签的显示方式，默认为在底部展示（Bottom displays only）。

如图 3.2.7（c）所示，参数 Active display 用于选择显示具体某一个波形，当输入信号大于等于两个时需要设置；参数 Title 用来命名显示波的标题，方便用户区分波形；参数 Show grid 代表可显示网格线。

如图 3.2.7（d）所示，通过 style 的参数页面设置可以对示波器的波形背景颜色（Figure color）、坐标轴颜色（Axes colors）以及波形线（Line）属性等进行设置。

3.2.1.4　数据传输模块

如图 3.2.8 所示为常用的数据传输模块，包括 In/Out、From/Goto 模块，用于仿真系统控制信号传输。

In/Out 模块主要作为子系统的输入/输出信号端口使用；在数字实时仿真中，还可以作为整个模型输入/输出信号，便于实现多个计算单元、多台仿真设备间的同步运行。模块提取路径为：Simulink/Commonly Msed Blocks。

In/Out 模块参数设置相同，本书以 In1 模块为例进行介绍（图 3.2.9）。其中，图 3.2.9（a）中，参数 Port number 为模块编号。参数 Icon display 为图标显示，指定要在该输入端口图标上显示的信息，默认选择 Port number，只显示端口号；Signal name 为显示端口名称；Port number and signal name 为同时显示端口号和信号名称。图 3.2.9（b）中，参数 Data type 可以指定支持外部输入信号的数据，常用的有双精度浮点型（Double）、整型（Int）和布尔型（Boolean）。

From/Goto 模块主要是代替模型中控制信号的连接线，适用于比较复杂的仿真模型。

(a) 主要参数　　　　　　　　　　(b) 时间参数

(c) 显示参数　　　　　　　　　　(d) 格式参数

图 3.2.7　示波器参数设置

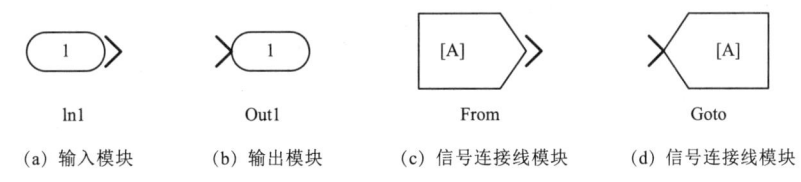

(a) 输入模块　　(b) 输出模块　　(c) 信号连接线模块　　(d) 信号连接线模块

图 3.2.8　数据传输模块

提取路径为：Simulink/Signal Routine。

From/Goto 模块参数设置类似，本书以 Goto 模块为例进行介绍（图 3.2.10）。其中，参数 Goto tag 用于设定传输信号的名称；参数 Tag visibility 决定了对 From 模块使用位置的限制，local、scoped 表示该信号仅在同一子系统中传输，global 表示该信号支持在模型全局传输。

3.2.1.5　均方根计算模块

如图 3.2.11 所示为均方根计算模块，测量输入信号在指定基频下的均方根数值，用于电力系统仿真计算。提取路径为：Simscape/Power System/Specialized Technology/Control & Measurements/Measurements。

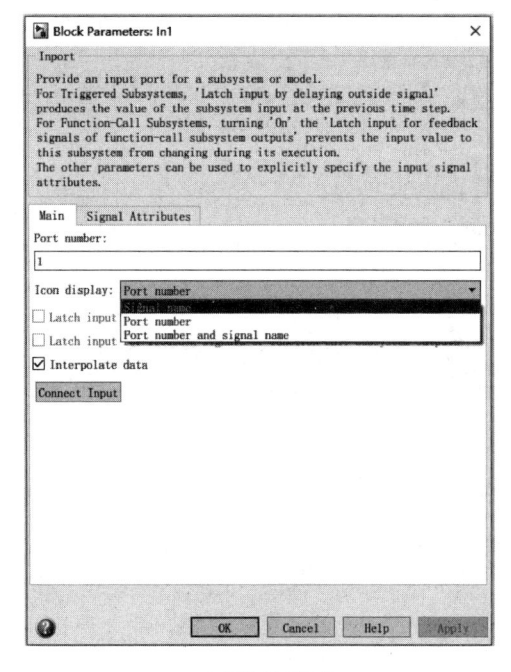

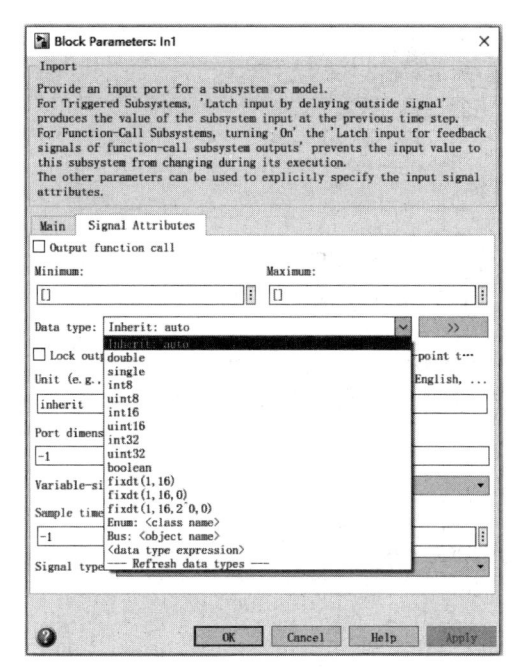

(a)图标显示设置　　　　　　　　　　　　　　(b)数据类型设置

图 3.2.9　In 模块参数设置

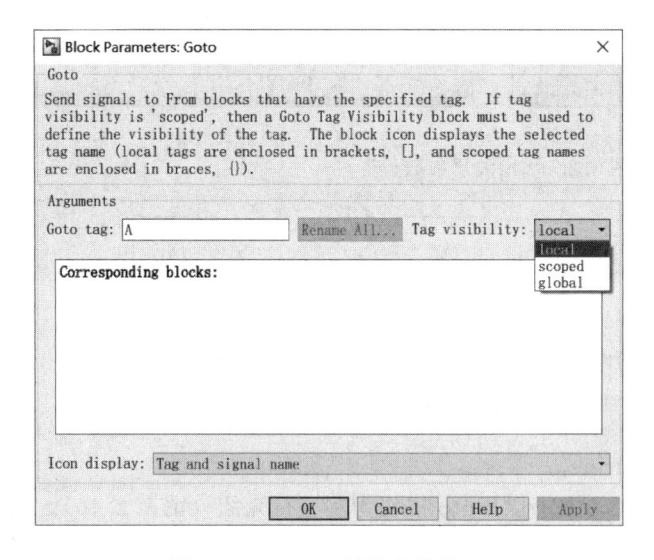

图 3.2.10　Goto 模块参数设置 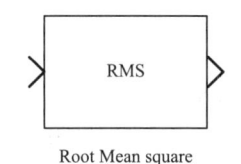　　　　　图 3.2.11　均方根计算模块

输入信号的均方根值通过在指定基频的一个窗口周期数据计算，公式如下：

$$RMS(f(t))=\sqrt{\frac{1}{T}\int_{t-T}^{t}f(t)^2} \tag{3.2.5}$$

式中：$f(t)$ 为输入信号；T 为 1/(基频)。

如图 3.2.12 所示为均方根计算模块的参数设置。其中，参数 Fundamental frequency 为输入信号的基频，单位为 Hz，默认值为 50；参数 Initial RMS value 为输出信号初始均方根值，默认值为 120；参数 Sample time 为采样时间，单位为秒，默认值为 0，表示连续时间。

3.2.1.6 总谐波畸变计算模块

如图 3.2.13 所示为总谐波畸变计算模块（THD），提取路径为：Simscape/Power System/Specialized Technology/Control & Measurements/Measurements。

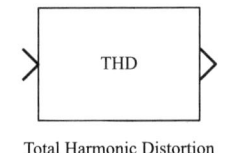

图 3.2.12　均方根计算模块参数设置　　图 3.2.13　总谐波畸变计算模块

THD 模块的输入信号可以是测量的电压或电流。THD 定义为信号总谐波的有效值除以其基波信号的有效值。以电流信号为例，THD 的定义为

$$\frac{I_H}{I_F} \tag{3.2.6}$$

其中：

$$I_H = \sqrt{I_2^2 + I_3^2 + \cdots + I_n^2} \tag{3.2.7}$$

式中：I_n 为 n 次谐波的均方根值；I_F 为基波电流的均方根值。

如图 3.2.14 所示为总谐波畸变计算模块的参数设置。其中，参数 Fundamental frequency 是指定输入信号的基频，单位为 Hz，默认值为 60；参数 Sample time 是指定的采样时间，单位为秒，默认值为 0，表示连续时间。

3.2.1.7 锁相环模块

如图 3.2.15 所示为锁相环模块，输入为三相电压/电流信号，输出为频率和相角，提取路径为：Simscape/Power System/Specialized Technology/Control & Measurements/PLL。

锁相环模块对锁相环（PLL）闭环控制系统进行建模，该系统使用内部频率振荡器跟踪正弦三相信号的频率和相位，其内部控制原理如图 3.2.16 所示。三相输入信号通过 Park 变换转换为 dq0 坐标轴信号，该信号的正交轴 q 与 abc 信号和内部振荡器旋转帧之

间的相位差成正比，通过均值可变频率（Variable Frequency）模块进行滤波，再通过具有可选自动增益控制（AGC）的比例-积分-微分控制器（PID Controller）将相位差保持在 0。

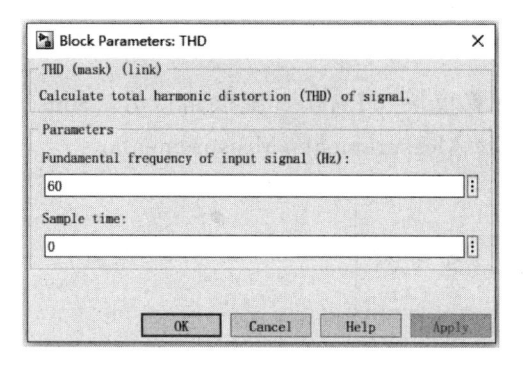

图 3.2.14　总谐波畸变计算模块　　　　图 3.2.15　锁相环模块

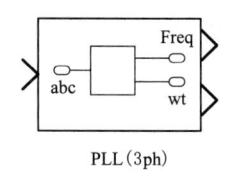

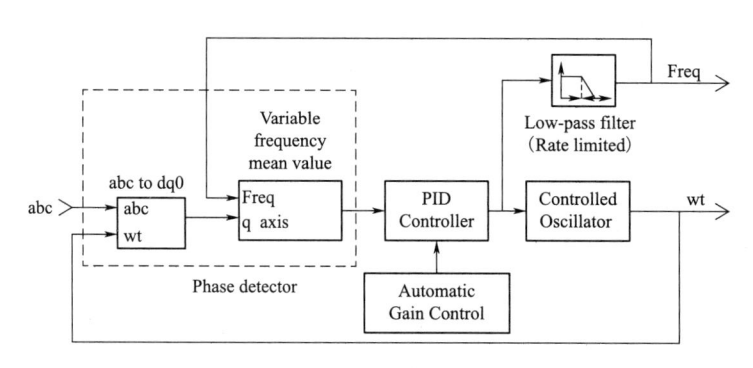

图 3.2.16　锁相环模块控制原理

如图 3.2.17 所示为锁相环模块参数设置。其中，参数 Minimum frequency 为输入信号最小预期频率；参数 Initial inputs [Phase (degrees), Frequency (Hz)] 为输入信号的初始相位和频率；参数 Regulator gains [Kp, Ki, Kd] 为内部 PID 控制器的参数，利用增益来调整 PLL 响应时间、过冲和稳态误差性能，默认值为 [180, 3200, 1]；参数 Time constant for derivative action (s) 为一阶滤波器的时间常数，默认值为 1e-4；参数 Maximum rate of change of frequency (Hz/s) 为信号频率的最大变化速率，默认值为 12；参数 Filter cut-off frequency for frequency measurement (Hz) 为二阶低通滤波器截止频率，默认值为 25；参数 Sample time 为采样时间，单位为秒，默认值为 0，表示连续时间。

3.2.1.8　功率计算模块

如图 3.2.18 所示为功率计算模块，输入为三相电压、三相电流、频率和相角，输出为对应的有功功率和无功功率，提取路径为：Simscape/Power System/Specialized Technology/Control & Measurements/Measurements。

功率计算模块用于计算一组周期性三相电压和电流的正序有功功率和无功功率。该模块首先计算输入电压和电流的正序，在输入 1（Freq）给出的基频的一个周期内计算，所需的参考系由输入 2（wt）给出。前两个输入通常连接到锁相环块的输出。

图 3.2.17　锁相环模块参数设置　　图 3.2.18　功率计算模块

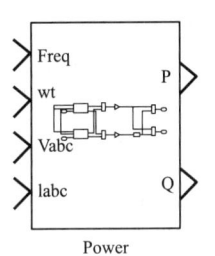

计算的公式原理如下：

$$P = 3 \times \frac{|V_1|}{\sqrt{2}} \times \frac{|I_1|}{\sqrt{2}} \times \cos(\varphi) \tag{3.2.8}$$

$$Q = 3 \times \frac{|V_1|}{\sqrt{2}} \times \frac{|I_1|}{\sqrt{2}} \times \sin(\varphi) \tag{3.2.9}$$

$$\varphi = \angle V_1 - \angle I_1 \tag{3.2.10}$$

式中：V_1 为输入量 Vabc 的正序分量；I_1 为输入量 Iabc 的正序分量；P 为流入电路的有功功率；Q 为流入电路的无功功率。由于该块以一个运行周期进行计算，在给出正确的值之前，必须完成一个周期的模拟。

如图 3.2.19 所示为功率计算模块的参数设置。其中，参数 Initial frequency 为第一个模拟周期的频率，默认值为 60；参数 Minimum frequency 为最小频率，默认值为 45；参数 Voltage initial input [Mag, Phase (degrees)] 为相对于锁相环相位的电压信号的初始正序幅值和相位，以度为单位，默认值为 [1, 0]；参数 Current initial input [Mag, Phase (degrees)] 为相对于锁相环相位的电流信号的初始正序幅值和相位，以度为单位；参数 Sample time 为采样时间，单位为秒，默认值为 0，表示连续时间。

3.2.2　基本电路模型

3.2.2.1　电源模块

如图 3.2.20 所示为有源配电网建模常用的电源模块，包括直流电压源（DC Voltage Source）模块和三相交流电源（Three-Phase Source）模块，提取路径如下：Simscape/

Power System/Specialized Technology/Fundamental Blocks/Electrical Sources。

如图 3.2.21 所示为直流电压源模块参数设置。其中，参数 Amplitude（V）表示电压幅值，单位为伏特；参数 Measurements 可以选择电压（Voltage）选项来测量实际输出电压，不需要则选（None）。

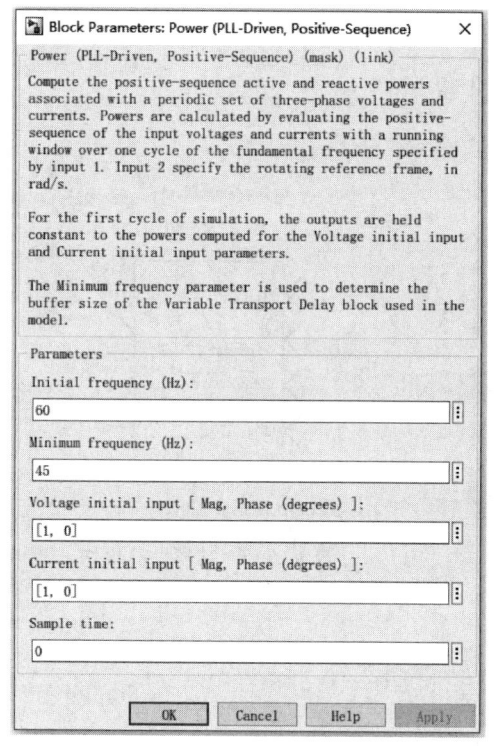

图 3.2.19　功率计算模块参数设置

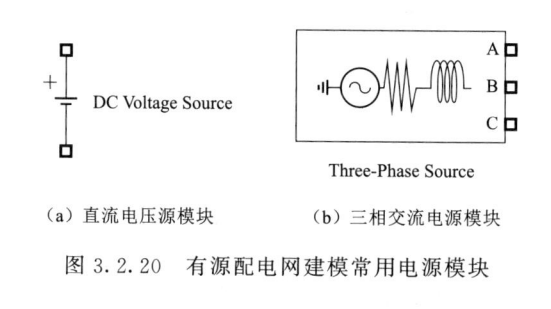

（a）直流电压源模块　　（b）三相交流电源模块

图 3.2.20　有源配电网建模常用电源模块

图 3.2.21　直流电压源参数设置

三相交流电源用于模拟具有内部 R‐L 阻抗的平衡三相电压源，可以通过输入 R 值和 L 值直接指定内阻和电感，也可以通过设定短路能力比来间接指定内阻和电感。其参数设置界面如图 3.2.22 所示。图 3.2.22（a）中，参数 Configuration 表示三相电源内部接线方式：Y 为无中性线引出星形接法；Yn 为有中性线引出星形接法；Yg 为有中性点接地的星形接法。参数 Phase‐to‐phase voltage 代表相电压。参数 Phase angle of phase A (degrees) 代表 A 相相角，默认值为 0。参数 Frequency 表示频率。参数 Internal 选中（默认）时，可以设置电源内阻。参数 Source resistance（Ohms）表示内部电阻，单位为欧姆，默认值为 0.8929。参数 Source inductance（H）表示内部电感，单位为亨利，默认值为 16.58e‐3。图 3.2.22（b）是该模块的潮流设置界面（Load Flow），参数 Generator type 用于设置电源节点类型，默认选择 swing，为平衡节点，控制端电压的幅度和相角；选择 PV 设定为 PV 节点，控制输出有功功率 P 和电压幅度 V；选择 PQ 设定为 PQ 节点，控制输出有功功率 P 和无功功率 Q。

3.2.2.2　RLC 模块

如图 3.2.23 所示为有源配电网建模常用的电阻（C）、电容（R）、电感（L）模块，

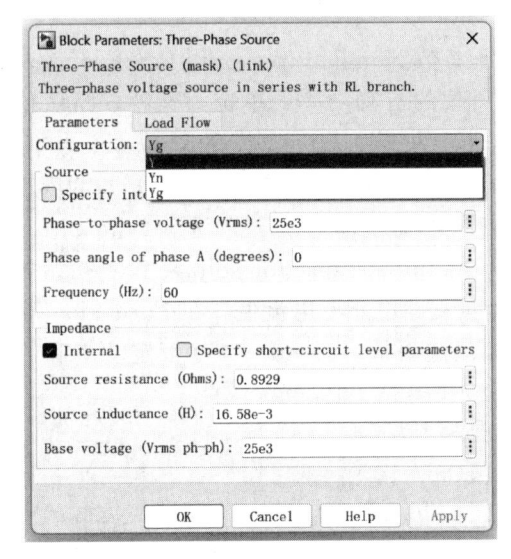

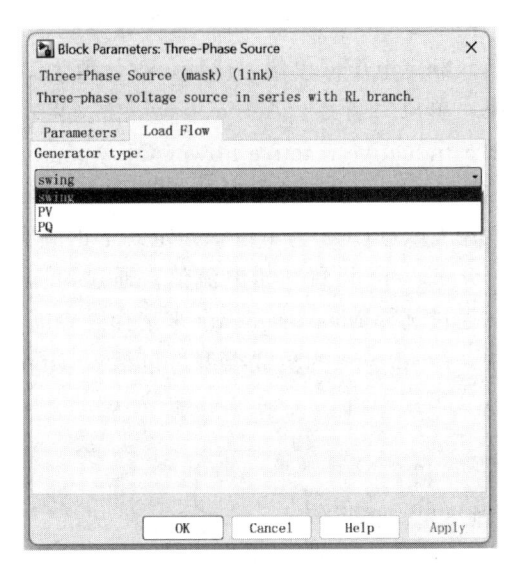

(a) 三相电源内部接线方式设置　　　　(b) 设置电源节点类型

图 3.2.22　三相交流电压源参数设置

有串联（Series）和并联（Parallel）、支路（Branch）和负载（Load）、单相和三相（Three-Phase）之分。

串联和并联模块的参数设置相同，本书以并联模块（包括支路模块和负载模块）为例进行介绍。

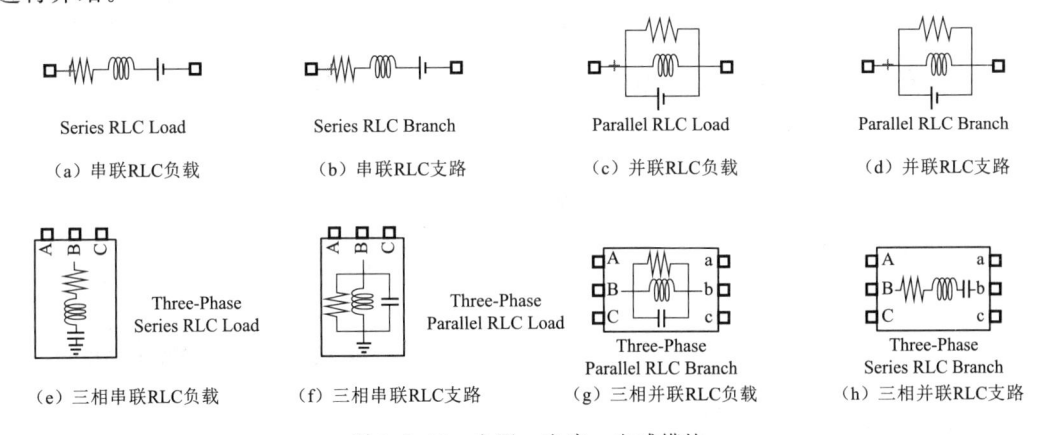

(a) 串联RLC负载　　(b) 串联RLC支路　　(c) 并联RLC负载　　(d) 并联RLC支路

(e) 三相串联RLC负载　(f) 三相串联RLC支路　(g) 三相并联RLC负载　(h) 三相并联RLC支路

图 3.2.23　电阻、电容、电感模块

图 3.2.24（a）和（b）为支路参数设置。其中，参数 Branch type 为 RLC 组合类型，包括 R、L、C、RC、RL 等，当 R=inf、L=inf、C=0 时为开路（open circuit），默认选择 RLC。参数 Resistance R（Ohms）为电阻值，单位为欧姆，默认值为 1。参数 Inductance L（H）为电感值，单位为亨利，默认值为 1e-3。参数 Capacitance C（F）为电容值，单位为法拉（F），默认值为 1e-6。通过勾选 Set the initial inductor current 设置初始电流值，通过勾选"Set the initial capacitor voltage"设置初始电压值，通过选择 Measurements 来选择是否需要测量支路电压、电流值。

图 3.2.24（c）和（d）为负载参数设置。其中，参数 Nominal voltage Vn（Vrms）是负载额定电压，单位为伏特，默认值为 1000。参数 Nominal frequency fn（Hz）为额定频率，单位为赫兹。Active power P（W）为负载的有功功率，单位为瓦特，默认值为 10e3。Inductive reactive Power QL（positive var）为感性无功功率 QL，以 var 为单位，指定一个正值或 0，默认值为 100。Capacitive reactive power Qc（negative var）为容性无功功率 Qc，以 var 为单位，指定一个正值或 0，默认值为 100。通过勾选 Set the initial inductor current 设置初始电流值；通过勾选 Set the initial capacitor voltage 设置初始电压值；通过选择 Measurements 来选择是否需要测量支路电压、电流值。在 Load Flow 标签页中，Load type 为负载类型，包括 constant Z 恒定阻抗、constant PQ 恒定功率和 constant I 恒定电流。

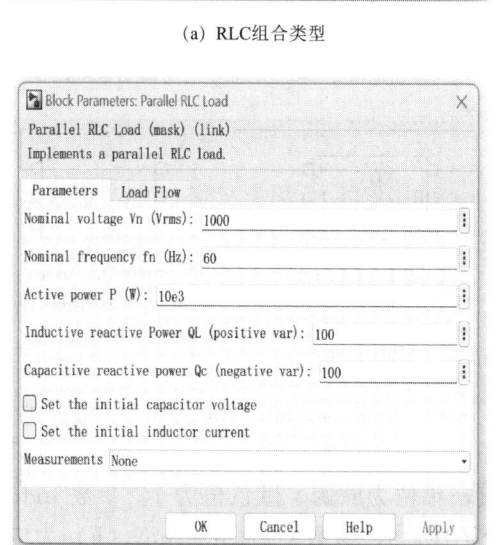

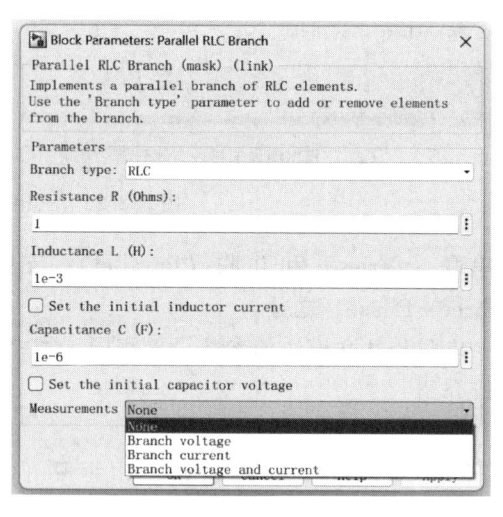

(a) RLC组合类型

(b) 测量方式

(c) 负载参数设置

(d) 负载类型

图 3.2.24　RLC 参数设置

图 3.2.25（a）为三相 RLC 模块设置界面；三相 RLC 模块与单相的参数设置大致相同，增加了参数 Configuration 来设置三相线路的连接方式，如图 3.2.25（b）所示。默认选择 Y（grounded）表示星形接线，中性点直接接地；选择 Y（floating）表示星形接线，中性点不接地；选择 Y（neutral）表示星形接线，中性点可单独连接；选择 Delta 表示三角形接线。图 3.2.25（c）为负载组合设置界面，图 3.2.25（d）为测量方式界面。

(a) 三相RLC模块设置

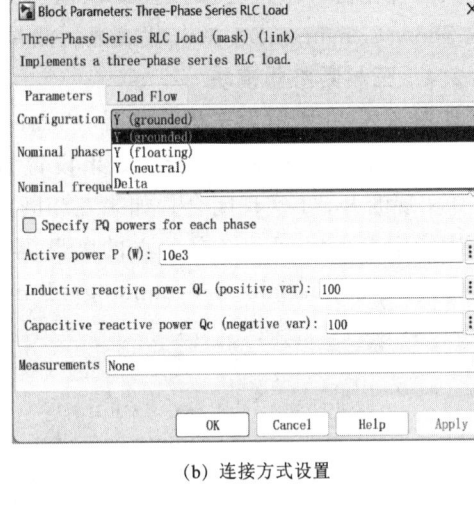

(b) 连接方式设置

(c) 负载组合

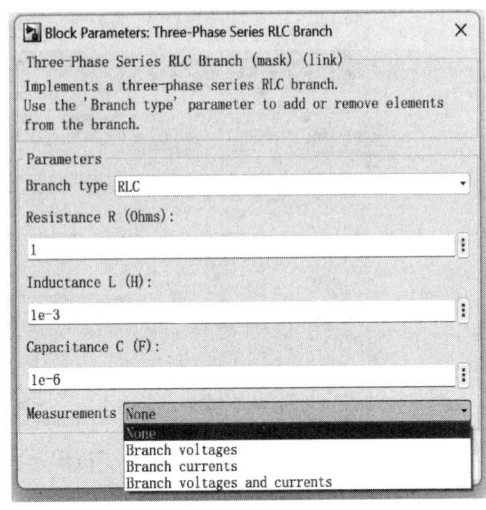

(d) 测量方式

图 3.2.25 三相 RLC 参数设置

3.2.2.3 理想开关模块

如图 3.2.26 所示为有源配电网建模所用的理想开关（Ideal Switch）模块，可由外部信号 g 控制开关通断。开关由门信号与串联 RC 缓冲电路并联构成。在导通状态下，Switch 模型有一个内阻（Ron）。在非 d 导通状态下，内阻无穷大。提取路径为：Simscape/

Ideal Switch
图 3.2.26 理想开关模块

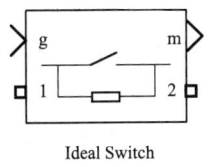

47

Power System/Specialized Technology/Fundamental Blocks/Power electronics。

如图 3.2.27 所示为理想开关模块参数设置。其中，参数 Internal resistance Ron（Ohms）为开关内阻，单位为欧姆，默认值为 0.001，不能设置为 0；参数 Initial state 为开关初始状态，0 代表断开，1 代表闭合；参数 Snubber resistance Rs（Ohms）为开关缓冲电阻，单位为欧姆，默认值为 1e5，可以设置为 inf；参数 Snubber capacitance Cs（F）为开关缓冲电容，单位为法拉，默认值为 inf，将缓冲器电容参数设置为 0 以消除缓冲；参数 Show measurement port 代表显示测量端口，可以输出开关的电流和电压。

3.2.2.4　三相断路器模块

如图 3.2.28 所示为三相断路器（Three-Phase Breaker）模块。该模块可由外部信号或内部控制定时器来控制通断。如果设置为外部控制模式，则模块图标中将显示控制输入，0 实现断开，1 实现闭合。如果三相断路器模块设置为内部控制模式，则在模块的对话框中指定开关时间。三个独立的断路器由相同的信号控制。提取路径为：Simscape/Power System/Specialized Technology/Fundamental Blocks/Elements。

图 3.2.27　理想开关模块参数设置　　　　图 3.2.28　三相断路器模块

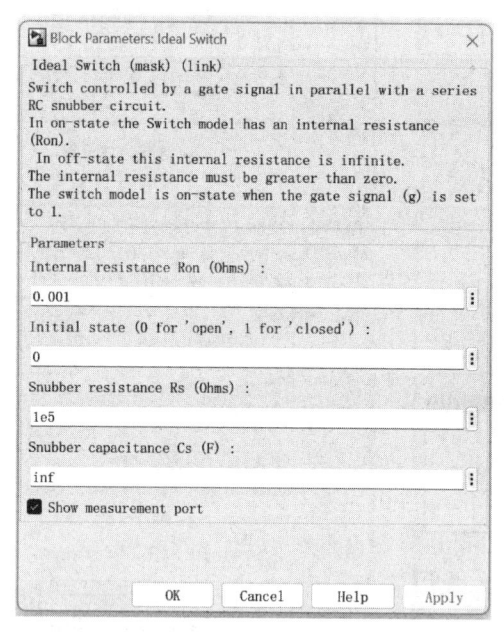

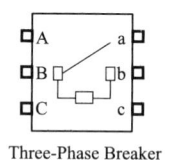

如图 3.2.29 所示为三相断路器模块参数设置。其中，参数 Initial status 表示断路器的初始状态，三个断路器的初始状态相同。参数 Phase A、Phase B、Phase C 表示 ABC 三相，如果选中，则激活该相；如果不选择，则该项始终保持初始状态，默认全都选中。参数 Switching times（s）为在内部控制模式下的开关动作时间，根据其初始状态断开或闭合。当勾选 External 时则切换为外部控制模式，由外部信号来控制。参数 Breakers resistance Ron 为断路器内阻，单位为欧姆，默认值为 0.01，需大于 0。参数 Snubber resistance Rs 为缓冲电阻，单位为欧姆，设置为 inf 可以消除模型中的缓冲器。参数 Snubbers capacitance Cs 为缓冲电容，单位为法拉，设置为 0 可以消除缓冲器。参数 Measure-

ments 可以选测量断路器电压（Break voltages），或者测量电流（Break currents），或者同时测量（Break voltages and currents），默认为不需要测量（None）。

3.2.2.5 绝缘栅双极型晶体管模块

如图 3.2.30 所示为绝缘栅双极型晶体管（IGBT）模块，主要用于能源转换和传输，是由门信号控制的半导体器件。IGBT 模型主要由电阻（Ron）、电感（Lon）、直流电压源（Vf）与由逻辑信号控制的开关串联组成。提取路径为：Simscape/Power System/Specialized Technology/Fundamental Blocks/Power electronics。

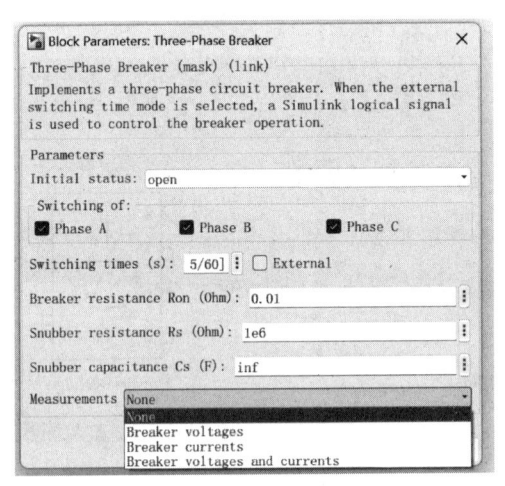

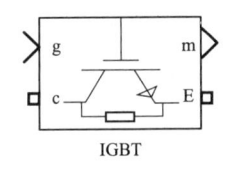

图 3.2.29　三相断路器参数设置　　　　图 3.2.30　绝缘栅双极型晶体管模块

如图 3.2.31 所示为 IGBT 模块参数设置。其中，参数 Resistance Ron（Ohms）表示模型等效内阻，单位为欧姆，默认值为 0.001。当电感 Lon 参数设置为 0 时，电阻不能设置为 0。参数 Inductance Lon（H）表示模型等效电感，单位为亨利，默认值为 0，电感 Lon 参数通常设置 0。参数 Forward voltage Vf（V）为 IGBT 模块正向导通压降，单位为伏特，默认值为 1。参数 Initial current Ic（A）为 IGBT 流过的初始电流，默认值为 0。参数 Snubber resistance Rs 为缓冲电阻，单位为欧姆，设置为 inf 可以消除模型中的缓冲器。参数 Snubber capacitance Cs 为缓冲电容，单位为法拉，设置为 0 可以消除缓冲器。勾选 Show measurement port 后可以测试流过 IGBT 模块的电流和电压。

3.2.2.6 整流桥模块

如图 3.2.32 所示为整流桥（Universal Bridge）模块，该模块实现了选定电力电子器件的桥接。提取路径为：Simscape/Power Systems/Specialized Technology/Fundamental Blocks/Power Electronics。

如图 3.2.33 所示为整流桥模块参数设置。其中，参数 Number of bridge arms 为整流桥桥臂数量，常用的为三相整流桥，设置为 3（包含 6 个开关设备）。参数 Snubber resistance Rs 为缓冲电阻，单位为欧姆，设置为 inf 可以消除模型中的缓冲器。参数 Snubber capacitance Cs 为缓冲电容，单位为法拉，设置为 0 可以消除缓冲器。参数 Power

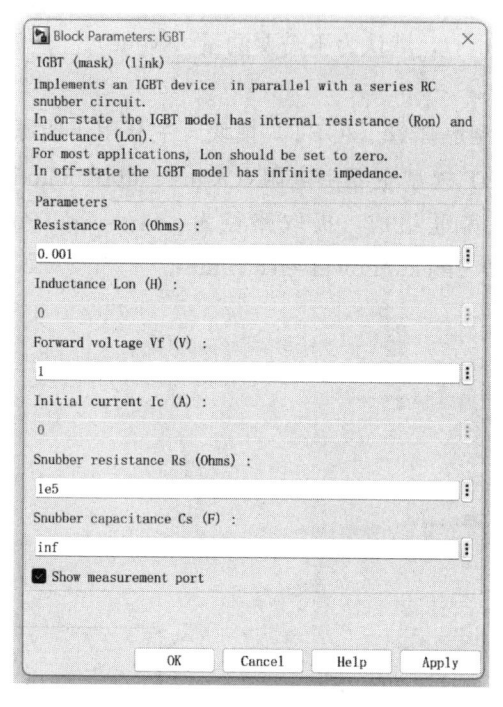

图 3.2.31　IGBT 模块参数设置　　　　图 3.2.32　整流桥模块

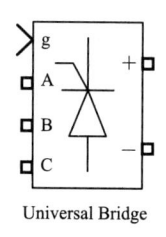

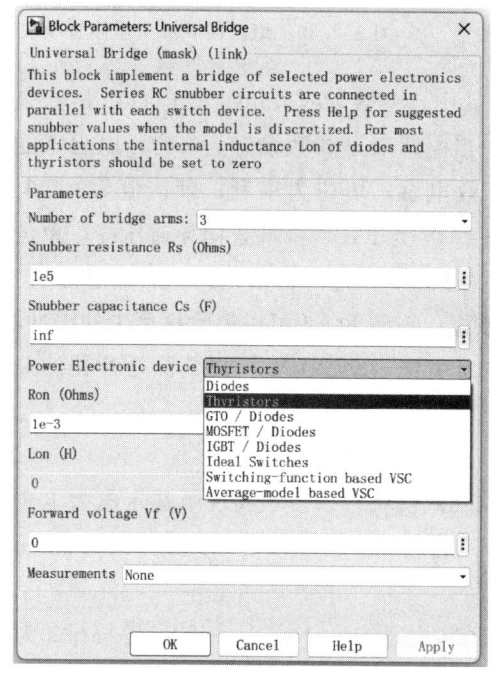

图 3.2.33　整流桥模块参数设置

electronic device 为整流桥中的电力电子开关管设备类型，Diodes 为二极管，Thyristors 为晶闸管，IGBT/Diodes 为 IGBT 与反向二极管并联，Switching-function based VSC 可将整流桥模块用交流侧电压源和直流侧电流源等效替代，上述类型均基于外部脉冲信号控制整流器运行；当选择 Average-model based VSC 时，代表用平均值模型代替开关模型，此时外部输入不再是脉冲信号而是平均电压参考信号，无高频谐波分量，可以增加采样时间间隔。参数 Ron 表示开关器件内阻，单位为欧姆，默认值是 1e-3。参数 Lon 表示二极管或晶闸管器件的内部电感，单位为亨利，默认值为 0。只有选择此设备为二极管或晶闸管时，参数 Forward voltage Vf 才可以使用，表示导通时的正向压降电压，单位为伏特，默认值为 0。

3.3 有源配电网模型

3.3.1 电源模型

电源模型主要包括同步电机模型、光伏模型、风机模型等。

3.3.1.1 同步电机模型

如图 3.3.1 所示为同步电机模型，是集旋转与静止、电磁变化与机械运动于一体，实现电能与机械能变换的元件，动态性能十分复杂。提取路径为：Simscape/Power System/Specialized Technology/Fundamental Blocks/Machines。

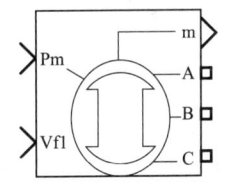

输入端口"Pm"代表输入的机械功率，单位是瓦。在发电模式下，可以是一个正常数或函数或原动机块的输出。输入端口"Vf"为励磁电压，由电压调节器提供。输出端口"m"是包含测量信号的矢量（包括定子电压、定子电流、阻尼器绕组电流、转子速度、电磁转矩等）。输出端口"ABC"为同步电机输出的三相电压。

图 3.3.1 同步电机模型

如图 3.3.2 所示为同步电机模型参数设置。在图 3.3.2（a）中，参数 Mechanical input 可以选择轴的机械功率（Mechanical Power Pm）、转子速度（Rotor Speed）或旋转机械端口（Rotational Mechanical Port）作为电机的输入。参数 Rotor type 用于设置转子类型。

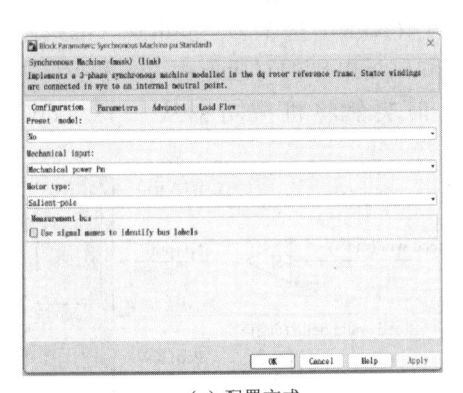

（a）配置方式 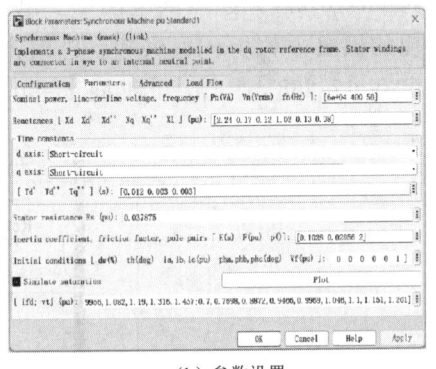　　　　　　　　（b）参数设置

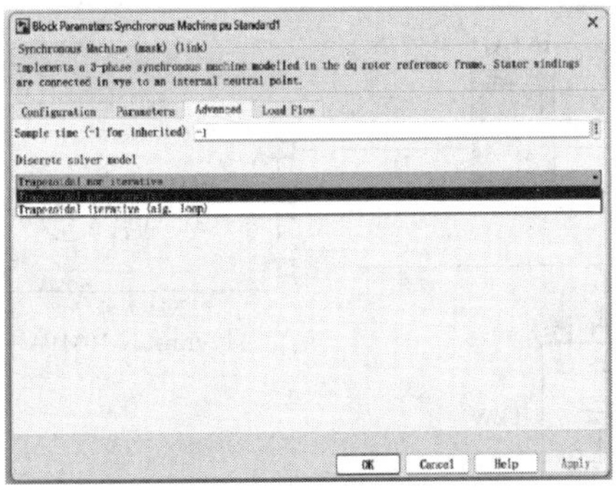

（c）高级设置 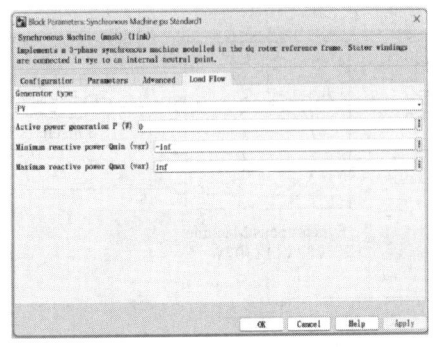　　　　　　　　（d）潮流设置

图 3.3.2 同步电机参数设置

在图 3.3.2（b）中，参数 Nominal power，line-to-line voltage，frequency 为三相额定视在功率 Pn（VA）、线电压 Vn（V）和频率 fn（Hz）。参数 Stator resistance Rs（pu）为定子内阻。参数 Inertia coefficient，friction factor，pole pairs［H（s）F（pu）p（）］为惯性系数、摩擦系数和极对数 p（通常设置为 2）。参数 Initial conditions［dw（％）th（deg）ia，ib，ic（pu）pha，phb，phc（deg）Vf（pu）］为初始转速偏差，转子电角度，输出电流大小 ia，ib，ic 和相角角度 pha，phb，phc，以及初始励磁电压 Vf，默认值为［0 0 0 0 0 0 0 0 1］，可以使用 Powergui 的初始化工具自动计算。

在图 3.3.2（c）中，参数 Sample time 为模型采样时间，设置为 -1（默认值）则与 Powergui 中的采样时间一致。当 Powergui 的求解器类型参数设置为离散时，Discrete solver model 的选择有梯形非迭代（Trapezoidal non iterative）和梯形迭代（Trapezoidal iterative（alg. loop）。在图 3.3.2（d）中，参数 Generator type 为发电机类型，选择 PV（默认）控制输出有功功率 P 和电压大小 V；选择 PQ 对输出有功功率 P 和无功功率 Q 的控制；选择 swing 控制其终端电压的幅值和相角。参数 Active power generation P（W）指定发电机的有功功率，以瓦为单位。当选择"发电机类型"为 PV 或 PQ 时，此参数有效，默认值为 0。当"发电机类型"选择 PV 时，参数 Minimum reactive power Qmin（var）和 Maximum reactive power Qmax（var）生效表示终端电压保持在参考值时，机器能产生的最小无功功率和最大无功功率。

如图 3.3.3 所示仿真案例演示的是同步机模块在电机模式下的使用。仿真模型由同步电机（112kW，762V）连接到电网中。电机初始化输出功率为 -50kW（电机模式为负值），对应的机械功率为 -48.9kW。机械功率和磁场电压的对应值由 Pm 和 Vf 常数指定。Vf 值恒定在 17.888V，Pm 在时间 $t=0.1s$ 时突然将机械功率从 -48.9kW 增加到 -60kW。

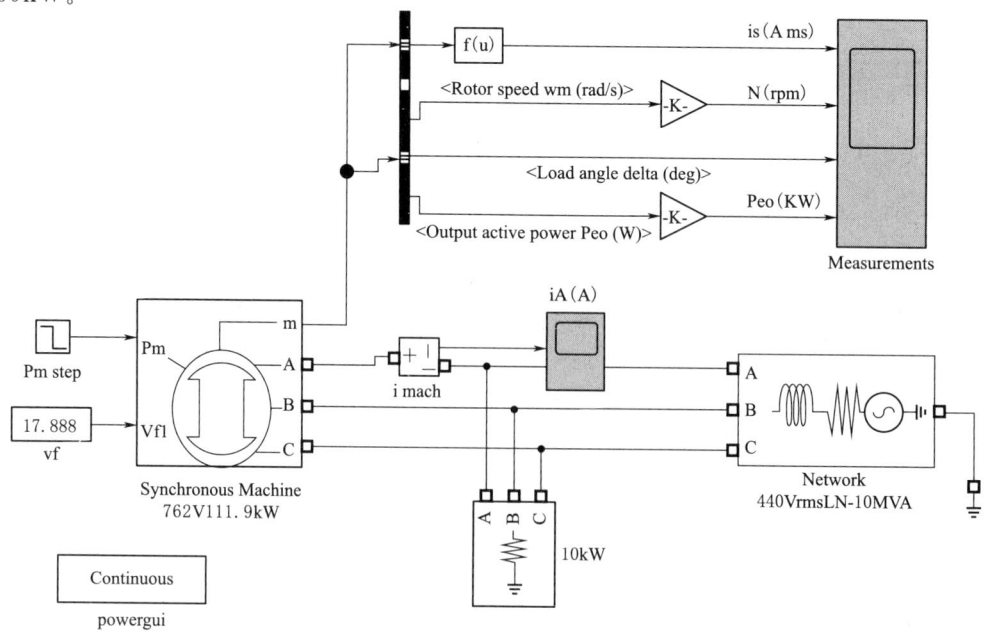

图 3.3.3 同步机模块在电机模式下的使用

各模块的参数设置如下。

在同步电机中，选择输入为 Pm；转子类型选择为 Salient‑pole；视在功率、相电压、频率设置为 111.9e3W、440×sqrt(3)V、60Hz；定子电阻、电感（Ll、Lmd、Lmq）设置为 26OHM、1.14e‑3H、13.7e‑3H、11.0e‑3H；发电机类型为 PV；发电有功功率为 −50000W。如图 3.3.4 所示为同步电机参数。

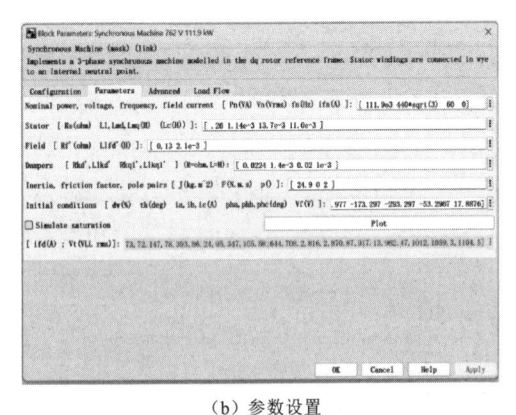

（a）配置方式　　　　　　　　　　　　　（b）参数设置

（c）高级设置　　　　　　　　　　　　　（d）潮流设置

图 3.3.4　同步电机参数

在负载模块中，相电压设置为 762V，频率为 60Hz，有功功率设置为 10000W。如图 3.3.5 所示为负载参数。

三相电源模块中，电压为 763.1V，频率为 60Hz，潮流计算界面类型为 swing。如图 3.3.6 所示为三相电源参数。

仿真时间为 3s，仿真结果如图 3.3.7 所示，当 $t=0.1s$ 时负载从 48.9kW 增加到 60kW 后，机器转速振荡之后稳定到 1800rpm，负载角（端子电压与内部电压的夹角）由 −21°增加到 −53°，电机发电功率振荡后稳定在 60kW。

3.3.1.2　光伏模型

光伏发电具有安全可靠、无噪声、无污染排放等特性，是电网的主要可再生能源之一。光伏发电的原理是将太阳光转换为直流电，再通过逆变器将电能转换为交流电。如图 3.3.8 所示，光伏仿真模型主要包括光伏电池、变流器和控制系统三部分。

图 3.3.5　负载参数

(a) 参数设置　　　(b) 潮流设置

图 3.3.6　三相电源参数

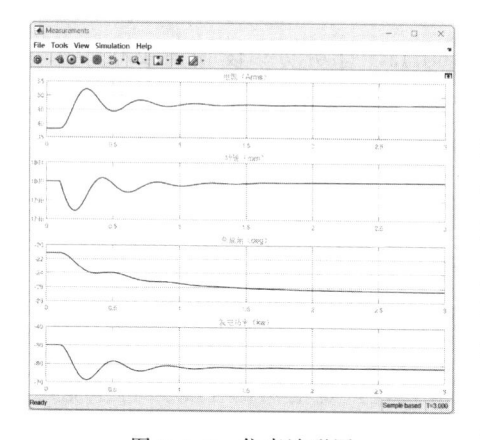

图 3.3.7　仿真波形图

图 3.3.8 中，子系统 1 为控制模块，采用 MPPT（最大功率跟踪）策略。输入参数为 MPPT 控制开关、网侧电压、网侧电流、光伏板输出电压/电流，输出为 PWM 脉冲信号，用于控制整流桥。子系统 2 为光伏电池，输入参数为辐照度和温度，输出为直流电压，经整流后转换为交流电。子系统 3 为变流器电路，包括整流桥、LCL 滤波器和隔离变压器，整流桥由控制模块控制。子系统 4 为输出功率计算模块。

图 3.3.9 为光伏控制系统参数设置。其中，参数 Power（VA）是光伏电源额定功率，单位为瓦特。参数 Frequency（Hz）为基频，默认

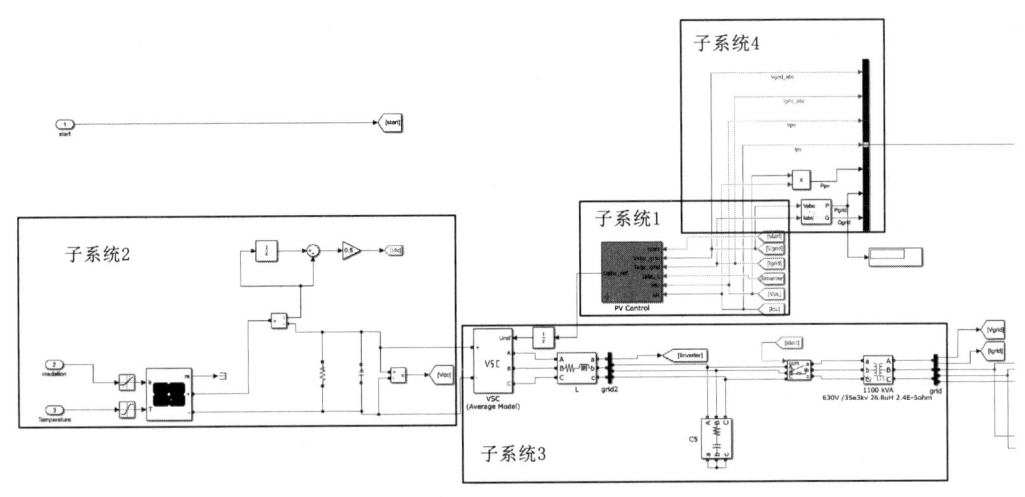

图 3.3.8 光伏仿真模型

50Hz。参数 Primary voltage（Vrms LL）是高压侧交流电压。参数 Secondary voltage（Vrms LL）为低压侧交流电压。参数 DC voltage（V）为直流电压。参数 Output increment（V）为 MPPT 扰动输出增量，默认值为 0.01。参数 Output limits［Upper Lower］为最高、最低直流输出电压。参数 Output initial value（V）为初始直流电压，Dc Voltage Regulator 为 MPPT 电压外环控制器：Proportional gain 为其比例控制参数，Integral gain 为其积分控制参数。Current Regulator 为 MPPT 电流内环控制器：Proportional gain 为其比例控制参数，Integral gain 为其积分控制参数，Feedforward Values［Rff Lff］为其前馈参数，默认为［0 1］。参数 Carrier frequency 为 PWM 波的载波频率。参数 Sample Times 为仿真采样时间，默认值为 5e-5s。

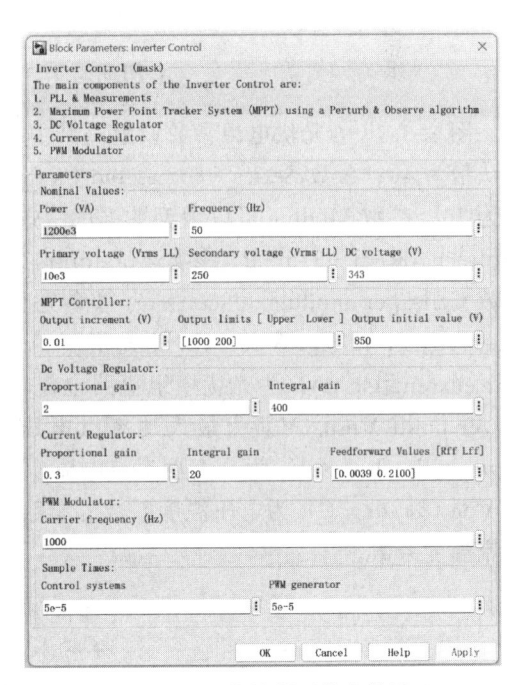

图 3.3.9 光伏控制系统参数设置

光伏电池采用的是五参数模型，使用电流源 IL（光产生电流）、二极管（I_0 和 nI 参数），串联电阻 R_s 和分流电阻 R_{sh} 来表示模块的辐照度和温度相关的 I-V 特性，其原理如图 3.3.10 所示。

单个模块的二极管 I-V 特性由以下公式定义：

$$I_d = I_0 \left[\exp\left(\frac{V_d}{V_T}\right) - 1 \right] \tag{3.3.1}$$

$$V_T = \frac{kT}{q} \times nI \times N_{cell} \tag{3.3.2}$$

式中：I_d 为二极管电流；I_0 为二极管饱和电流；V_d 为二极管电压；k 为电子电荷；T 为电池温度；nI 为玻尔兹曼常数；N_{cell} 为模块中串联的单元数。

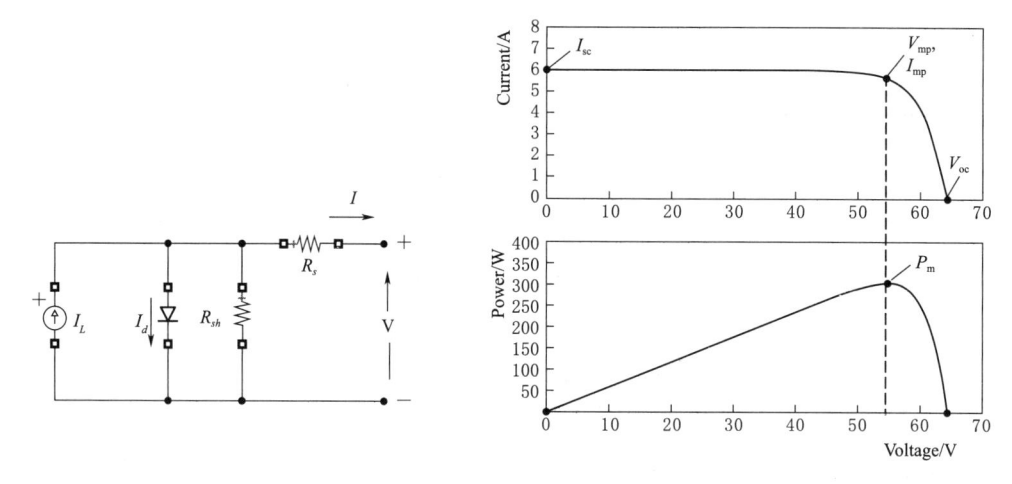

图 3.3.10　光伏电池原理图

图 3.3.11 为光伏电源参数设置。其中。参数 Parallel strings 为光伏阵列并联模块数，默认值为 40；参数 Series-connected modules per string 为每串光伏模组串联数量，默认值为 10。参数 Module 可以模型数据库中选择用户自定义或预置光伏模组型号，默认值为 1Soltech 1STH-215-P。参数 Maximum Power（W）为该型号光伏模组最大输出功率。参数 Cells per module（Ncell）为每个光伏模组的光伏单体数量，默认值为 60。参数 Open circuit voltage Voc（V）为光伏模组开路电压，默认值为 36.3V。参数 Short-circuit current Isc（A）为光伏模组短路电流，默认值为 7.84A。参数 Voltage at maximum power point Vmp（V）为最大功率点电压，默认值为 29V。参数 Current at maximum power point Imp（A）为最大功率点电流，默认值为 7.35A。参数 Temperature coefficient of Voc（%/deg.C）为电压温度系数。参数 Temperature coefficient of Isc（%/deg.C）为电流温度系数。

图 3.3.11　光伏电池参数设置

仿真案例：以如图3.3.8所示的模型为例进行并网仿真。并网电压为10kV，初始辐照度为400，光照温度为25℃。在15s后将辐照度升为1000来模拟光照变化，分别对MPPT的打开和关闭状态进行仿真，并观察光伏直流电压和模型输出功率的变化。

各模块的详细参数如下。

光伏电源的并联模块数为204，并联的串联模块数为13，Advanced界面选择打破模型内部代数循环，Module选择为SunPower-SPR-415E-WHT-D，该模式下的各参数如图3.3.12所示。

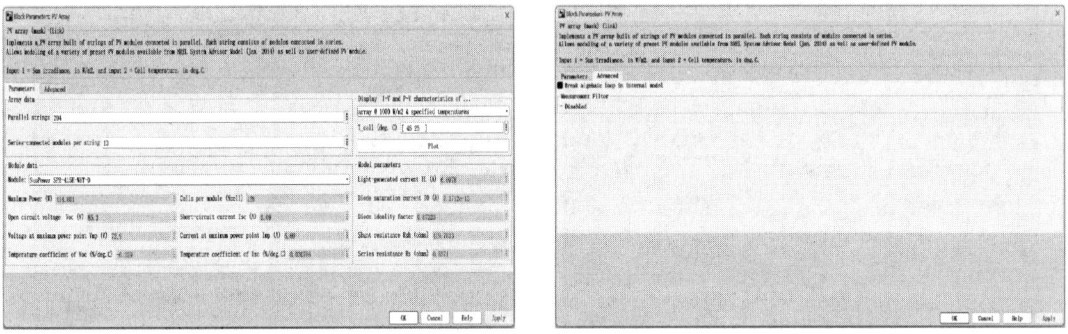

（a）参数设置　　　　　　　　　　（b）高级设置

图3.3.12　光伏电源参数

如图3.3.13所示，控制系统中额定功率为1200e3W，基频为50Hz。MPPT扰动输出增量为0.01V，最高输出电压为1000V，最低输出电压为200V，光伏初始输出电压为850V。MPPT电压外环控制器的比例/积分参数分别为2和400，电流内环控制器的比例/积分参数分别为0.3和20，前馈参数为[0.0039 0.2100]。载波频率为1000Hz，采样时间为5e-5s。

如图3.3.14所示，变压器的视在功率为1200e3V，基频为50Hz，一次侧电压、电阻、电感分别为10e3V、0.0012pu、0.03pu；二次侧电压、电阻、电感设置为380V、0.0012pu、0.03pu。

如图3.3.15所示，LCL滤波器中RC模块的相电压为178V，基频为50Hz，有功功率为500W，容性无功功率为25e3W。RL模块的电阻值为0.0005Ohm，电感为0.0002H。

如图3.3.16所示，整流桥电阻值为1e6（Ohm），电容值为inf，内阻为1e-3（Ohm）。

三相电源电压为10e3V，基频为50Hz，内阻为0.9Ohm，内感为16.58e-3H。如图3.3.17所示为三相电源参数。

仿真时间为50s，仿真结果如图3.3.18所示。当不采用MPPT控制，即采用恒电压控制时，初始状态下，光伏电源电压保持在850V左右，光伏系统输出功率在400kW，15s辐照度上升到1000后，输出功率从400kW增加到1MW，光伏电源电压保持不变。当采用MPPT控制，如图3.3.19所示，光伏电源电压由初始850V上升至940V，此时光伏系统输出功率约为420kW；15s辐照度上升，光伏电源电压相应调节，增加至950V，此时光伏系统输出功率增加至1.07MW，大于采用恒电压控制时的输出功率，可得

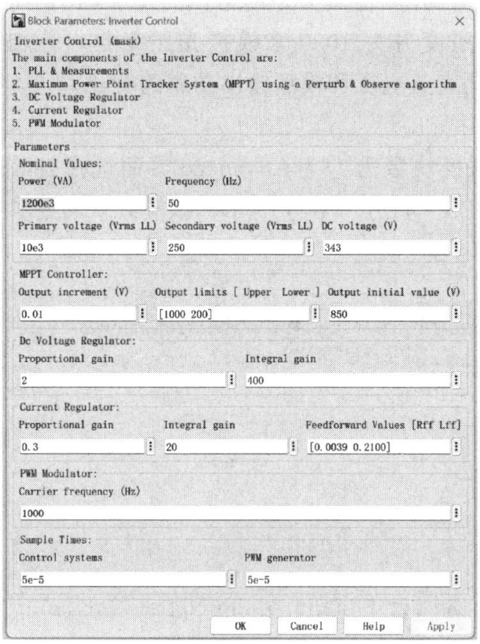

图 3.3.13　控制系统参数设置

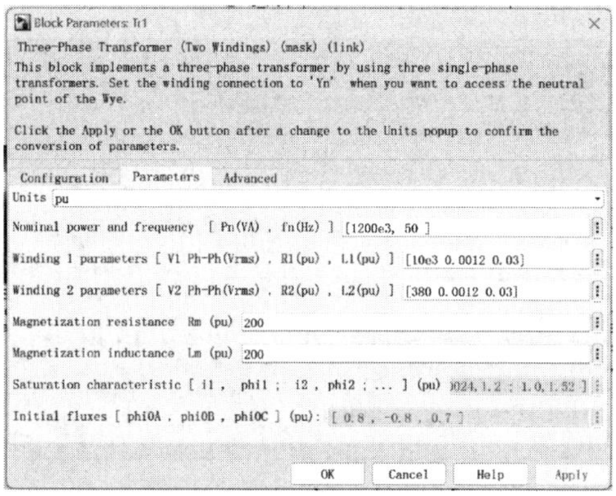

图 3.3.14　变压器参数设置

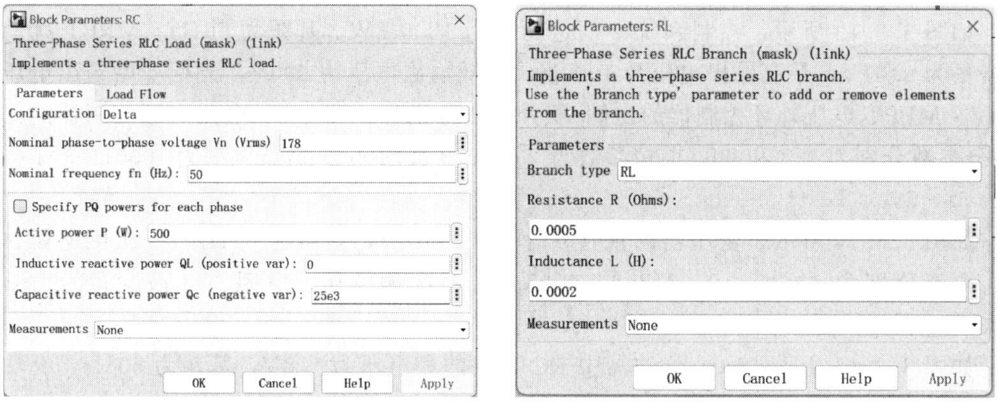

图 3.3.15　LCL 滤波参数

MPPT 控制的有效性。

3.3.1.3　风机模型

风力发电是一种可再生、清洁的能源。风力发电机的原理是利用风力带动风车叶片旋转，再透过增速机将旋转的速度提升，来促使发电机发电。如图 3.3.20 所示，风力发电机仿真模型主要包括发电机、变流器和控制系统三部分。

图 3.3.20 中，子系统 1 为风力发电机的齿轮箱模块，该模块的主要作用是将风的动力传递给发电机并使其得到相应的转速，该模块的输入是实时风速（Wind Speed）、风机叶片桨距角（Pitch Angle）、发电机转子转速（Wr），输出为机械转矩（Tm）来驱动发电机。子系统 2 为同步发电机，在风机模型中为发电机模式。子系统 3 为变流器电路，包括

图 3.3.16　整流桥参数

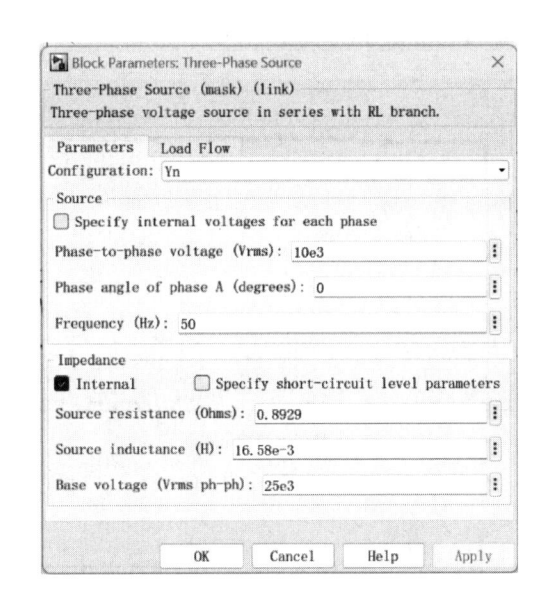

图 3.3.17　三相电源参数

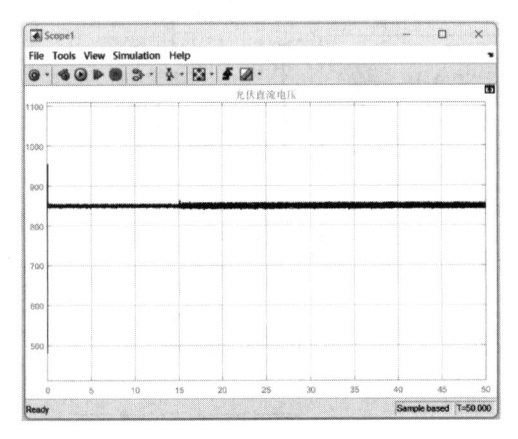

（a）光伏电源输出电压

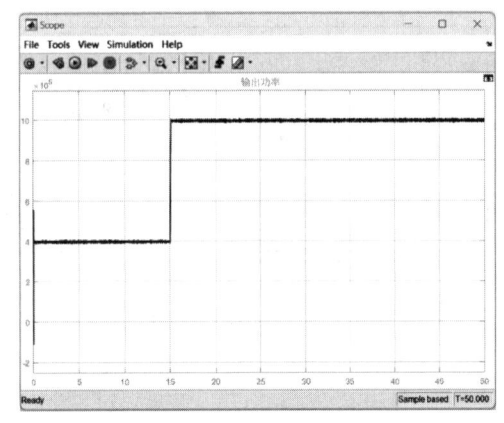

（b）光伏系统输出功率

图 3.3.18　采用恒电压控制仿真图

整流桥、LCL 滤波器和隔离变压器，整流桥由控制模块控制。子系统 4 为输出功率计算模块。子系统 5 为风机的控制模块，该模块的输入参数为发电机定转子电压电流、网侧电压电流、转子角、转子转速；该模块的输出用于控制变流器。

仿真案例：在风力发电过程中，随着风速实时变化，风机输出功率也会相应变化；当风速超出控制范围，即过低（低于切入风速）或者过高（高于切出风速）时，风机会停止运行。如图 3.3.20 所示模型进行并网仿真。并网电压为 10kV，初始风速为 8m/s。在 100s 时，将风速从 8m/s 上升到 10m/s，观察输出功率变化。

各模块的详细参数如下。

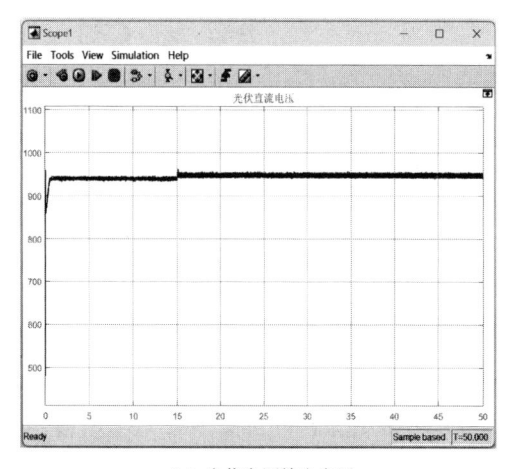

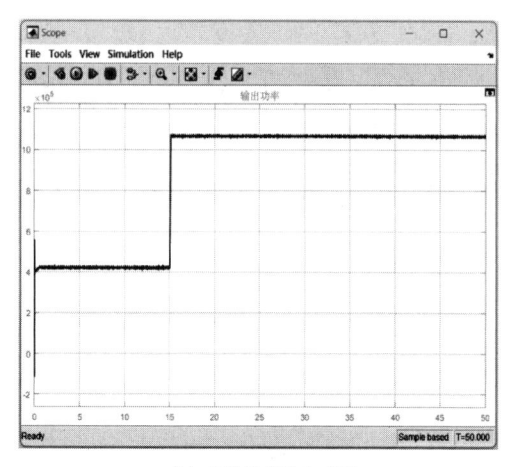

(a) 光伏电源输出电压 　　　　　　　　(b) 光伏系统输出功率

图 3.3.19　采用 MPPT 控制仿真图

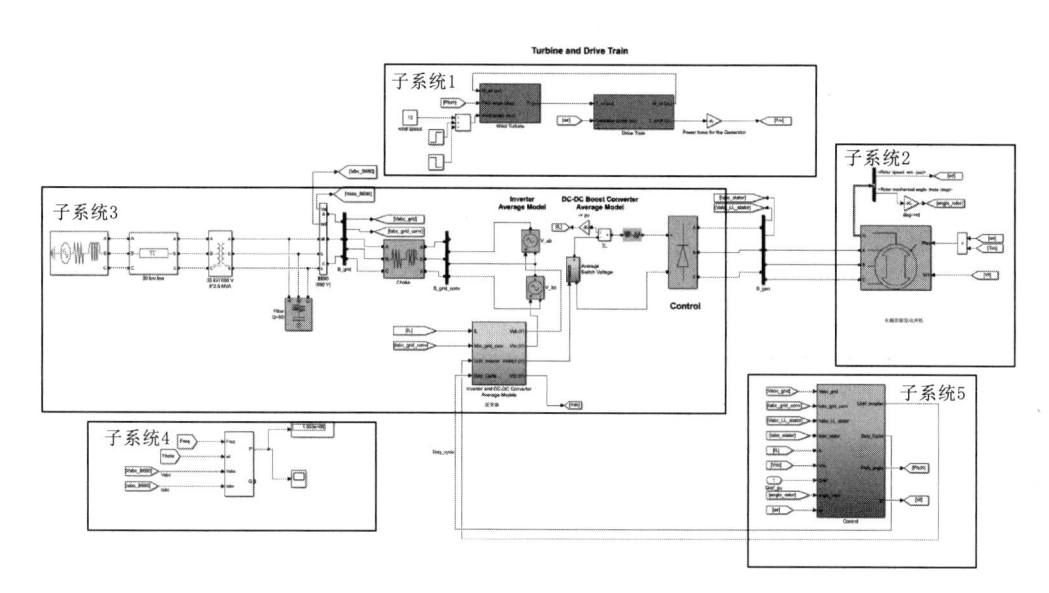

图 3.3.20　风力发电机模型

如图 3.3.21 所示，在同步电机中，选择输入为 Pm，转子类型选择为 Salient-pole，视在功率、相电压、频率设置为 6e+08W、690V、50Hz，定子内阻为 0.037875（Ohm），发电机类型为 PV。

如图 3.3.22 所示，变压器视在功率为 1600×2.5×8e6W，基频为 50Hz，一次侧电压、电阻、电感分别为 10e3V、0.0085069（Ohm）、0.00081235H；二次侧电压、电阻、电感设置为 690V、1.1021e-06（Ohm）、1.0524e-07H。

如图 3.3.23 所示，LCL 滤波器中 RC 模块的相电压为 178V，基频为 50Hz，有功功率为 500W，容性无功功率为 25e3W。RL 模块的电阻值为 0.0005Ohm，电感为 0.0002H。

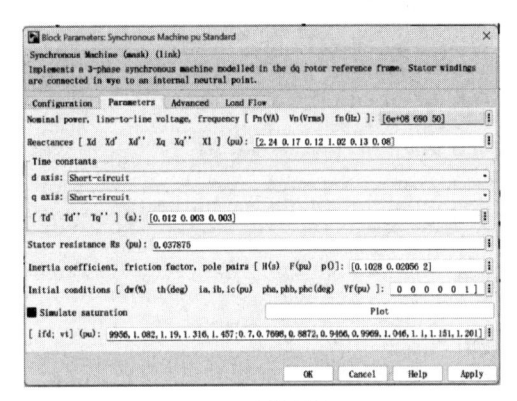

(a）配置方式 (b）参数设置

(c）高级设置 (d）潮流设置

图 3.3.21　电机参数

如图 3.3.24 所示，整流桥类型为二极管（Diodes）模式，电阻值为 1e6（Ohm），电容值为 inf，内阻为 1e3（Ohm）。

如图 3.3.25 所示，三相电源的电压为 10e3V，基频为 50Hz，相角为 0.29434°，内阻为 0.8929Ohm，内感为 16.58e−3H。

如图 3.3.26 所示，线路的基频为 50Hz，正序、零序电阻为 0.1153Ohms/km 和 0.413Ohms/km，正序、零序电感为 1.05e−3H/km 和 3.32e−3H/km，正序、零序电容为 13.33e−009F/km 和 5.01e−009F/km。

图 3.3.22　变压器参数

如图 3.3.27 所示，仿真时间为 300s，仿真结果如图 3.3.27 所示。前 150s，输出功率振荡后从 0 上升并稳定在 0.75MW；150s 时，由于风速增加，功率上升，振荡后稳定于 1WM。仿真验证了风机模型的有效性。

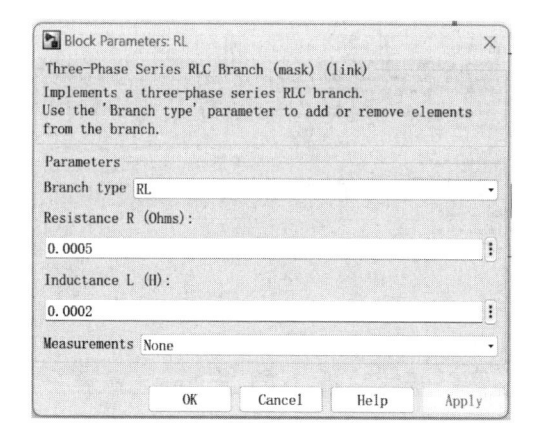

图 3.3.23　LCL 滤波器参数

图 3.3.24　整流桥参数

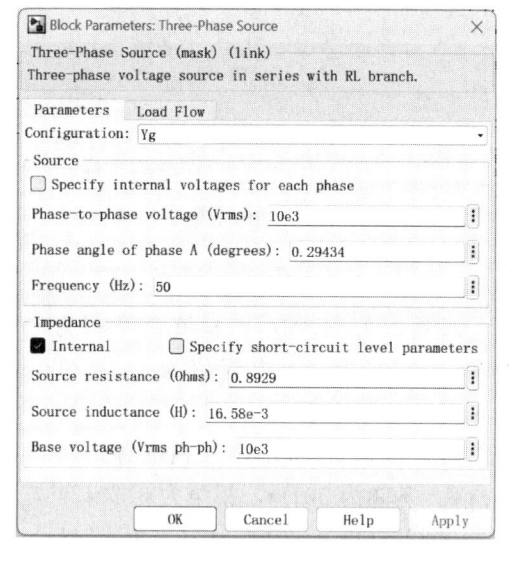

图 3.3.25　三相电源参数

3.3.2　电网模型

电网模型主要包括变压器模型（图 3.3.28）、线路模型和无功补偿模型等。

3.3.2.1　变压器模型

本书介绍的三相式两绕组变压器模型，由两个绕组线圈组成。提取路径为：Simscape/Power System/Specialized Technology/Fundamental Blocks/Elements。

如图 3.3.29 所示为变压器模型参数设置。图 3.3.29（a）为 Configuration 界面。参数 Winding 1 connection 是绕组 1 连接方式；参数 Winding 2 connection 是绕组 2 连接方式。Type 默认选择为 Three single - phase transformers 表示以三个单相变压器模型组成

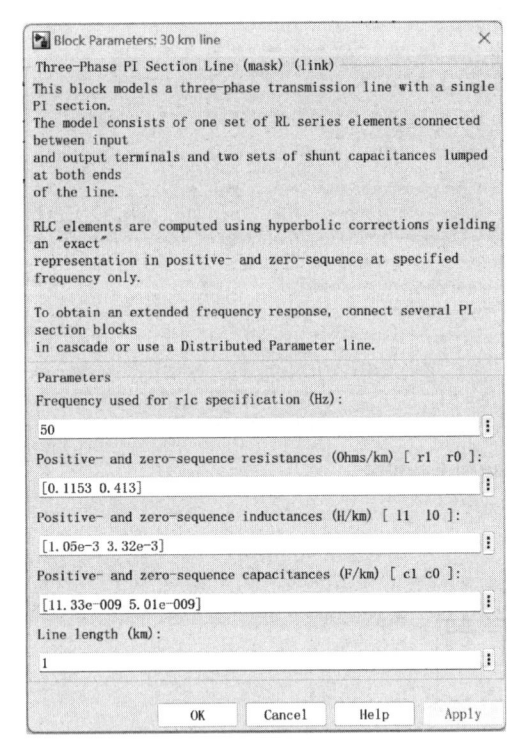

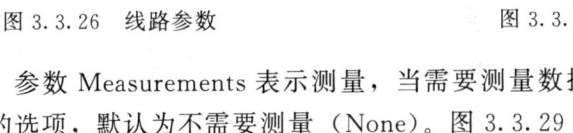

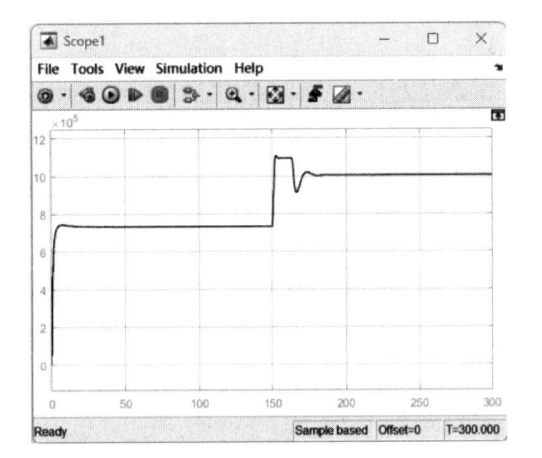

图 3.3.26　线路参数　　　　　图 3.3.27　风机模型输出功率

三相变压器；参数 Measurements 表示测量，当需要测量数据时可以选择相对应的选项，默认为不需要测量（None）。图 3.3.29（b）中，参数 Units 表示参数单位，常选择标幺值（pu）。参数 Nominal power and frequency [Pn（VA），fn（Hz）] 表示变压器的标称额定功率和频率，单位为伏安和赫兹，默认值为 [250e6,60]。参数 Winding 1 parameters [V1 Ph-Ph（Vrms），R1（pu），L1（pu）] 代表绕组 1 的电压、电阻和漏感，当参数 Units 为 pu 时，默认值为 [735e3, 0.002,0.08]。参数 Winding 2 parameters [V1 Ph-Ph（Vrms），R1（pu），L1（pu）] 代表绕组 1 的电压、电阻和漏感，当参数 Units 为 pu 时，默认值为 [315e3,0.002,0.08]。参数 Magnetization resistance Rm（pu）为励磁电阻。参数 Magnetization inductance Lm（pu）为励磁电感。参数 Saturation characteristic 为饱和特性，仅当选择 Configuration 选项中的 Simulate saturation 时，此参数可用。参数 Initial fluxes 指定变压器每相的初始磁通量，仅当选择 Configuration 选项中的 Specify initial fluxes 和 Simulate saturation 时，此参数可用。

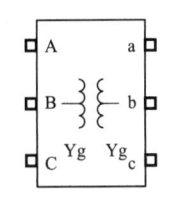

图 3.3.28　变压器模型

仿真案例：如图 3.3.30 所示，设置三相电源电压为 10kV，展示变压器两侧电压波形。

三相交流电源的参数设置如图 3.3.31 所示，采用中性点接地方式，线电压设置为 10kV，频率为 50Hz。

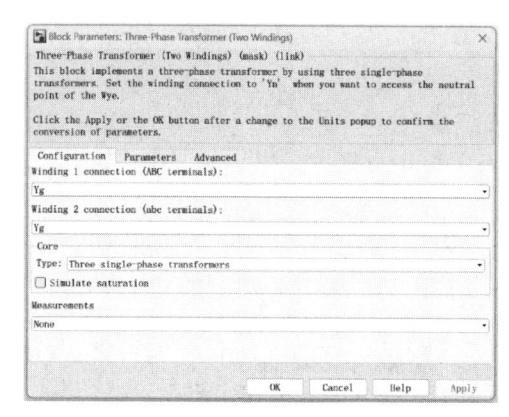

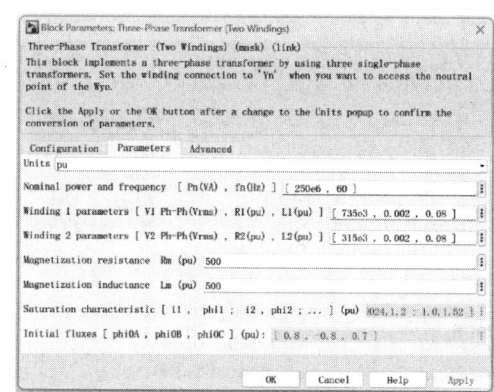

(a)配置方式　　　　　　　　　(b)参数设置

图 3.3.29　变压器模型参数设置

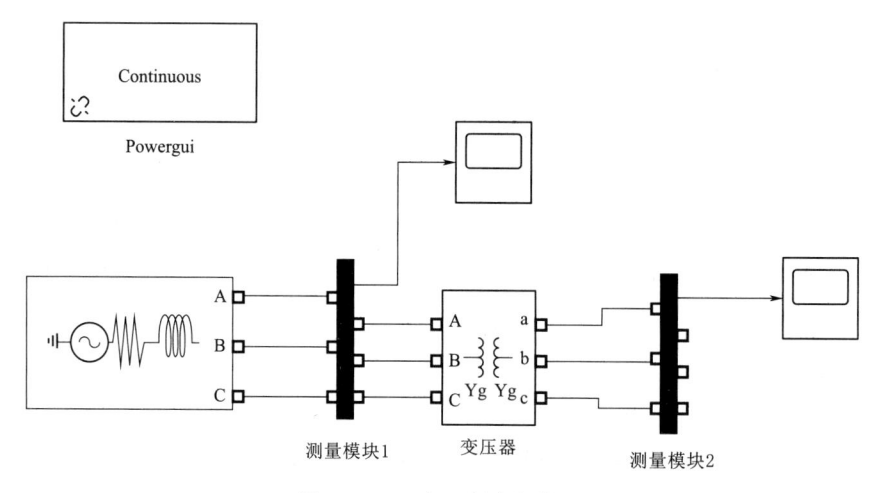

图 3.3.30　变压器案例模型

变压器的参数设置如图 3.3.32 所示，一次侧、二次侧采用星形接线方式，中性点接地。一次侧绕组电压、电阻、电感分别为 10e3V、0.002pu、0.08pu；二次侧绕组电压、电阻、电感分别为 10e3V、0.002pu、0.08pu。励磁电阻和励磁电感均为 500pu。

设置仿真时间为 0.05s，仿真结果如图 3.3.33 所示，横坐标表示仿真时长，纵坐标表示电压幅值，左侧为变压器一次侧电压波形，右侧为变压器二次侧电压波形，结果与理论设定一致。

3.3.2.2　线路模型

如图 3.3.34 所示为三相 PI 型线路模型。提

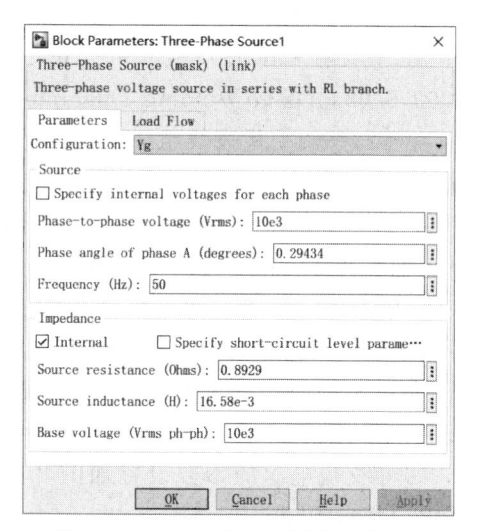

图 3.3.31　三相交流电源的参数设置

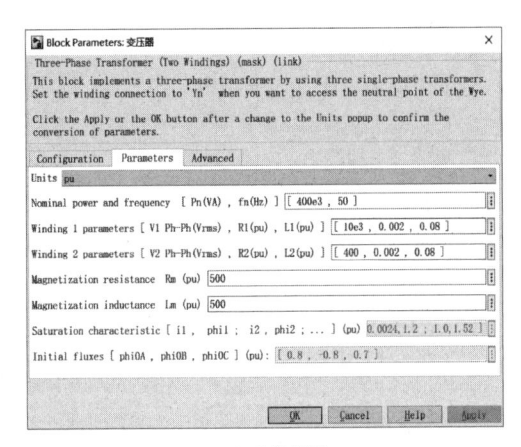

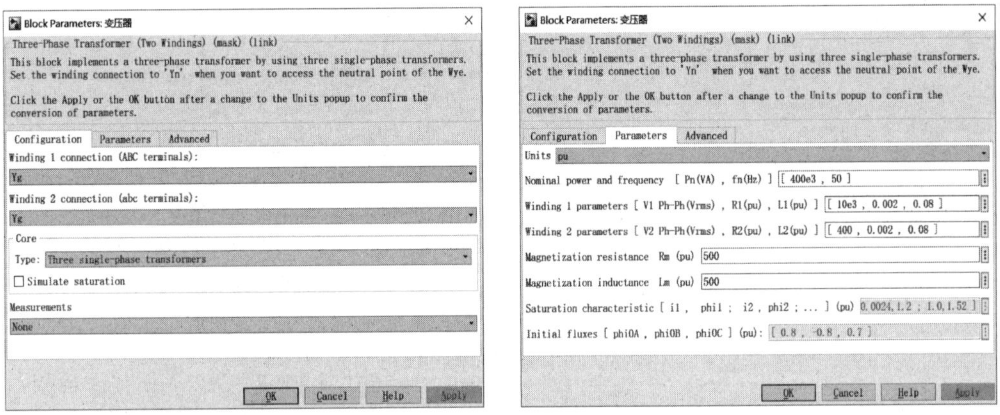

(a) 配置方式　　　　　　　　　　　　　　(b) 参数设置

图 3.3.32　变压器的参数设置

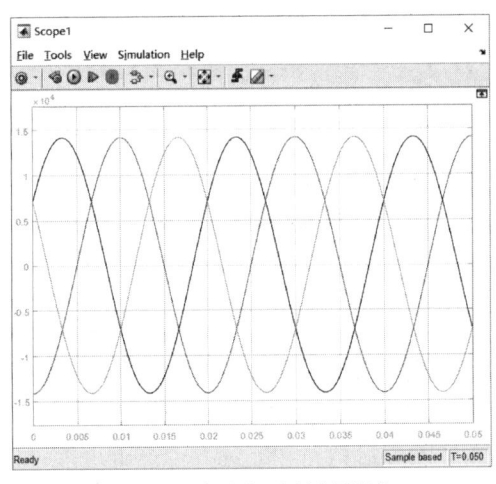

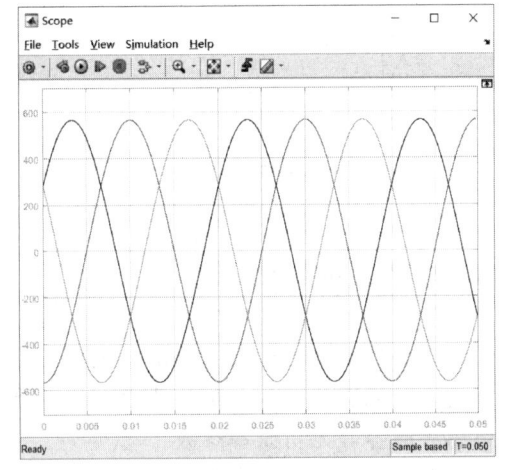

(a) 变压器一次侧电压波形　　　　　　　　　(b) 变压器二次侧电压波形

图 3.3.33　变压器波形

取路径为：Simscape/Power System/Specialized Technology/Fundamental Blocks/Elements。

如图 3.3.35 所示为三相 PI 型线路参数设置。其中，参数 Frequency used for rlc specification (Hz) 为线路频率，单位为赫兹。参数 Positive - and zero - sequence resistances (Ohms/km) [r1 r0] 为线路单位长度正序和零序电阻，单位为欧姆/千米，默认值为 [0.01273 0.3864]。参数 Positive - and zero - sequence inductances (H/km) [l1 l0] 为线路单位长度正序电感和零序电感，单位为亨利/千米，零序电感不能为 0，默认值为 [0.9337e-3 4.1264e-3]。参数 Positive - and zero - sequence capacitances (F/km) [c1 c0] 为线路单位长度正序和零序电容，单位为法拉/千米，零序电容不能为 0，默认值为 [12.74e-9 7.751e-9]。参数 Line section length 为线路长度，单位为千米。

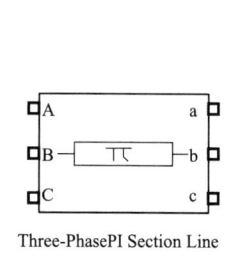

图 3.3.34　三相 PI 型线路模型 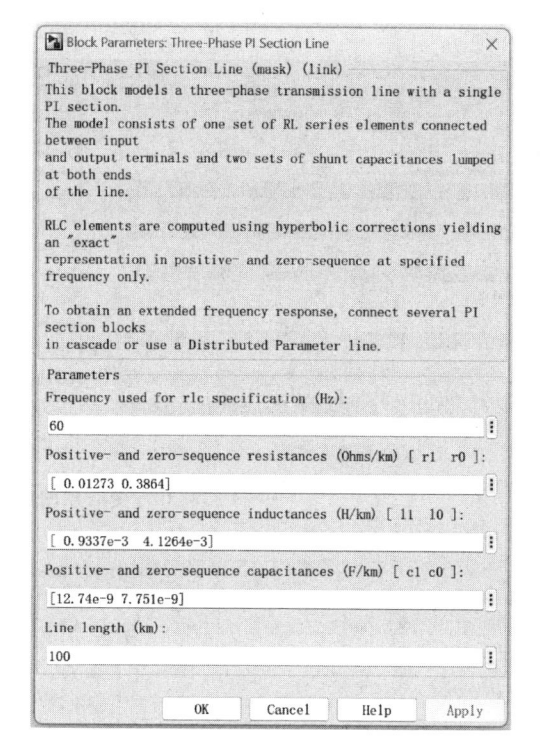　　图 3.3.35　三相 PI 型线路参数设置

3.3.2.3　无功补偿模型

无功功率的传输会增加电力系统损耗，使得系统电压下降，故需对其进行就近和就地补偿。并联电容器可补偿或平衡电气设备的感性无功功率，并联电抗器可补偿或平衡电气设备的容性无功功率。无功补偿模型的本质为 RLC 元件模型，根据系统功率因数需要设定电感、电容等无功设备参数。

根据国家规定，高压用户的功率因数应达到 0.9 以上，低压用户的功率因数应达到 0.85 以上。通常负荷无功功率以感性为主，根据补偿后所需达到的功率因数值，计算电容器的安装容量。

案例仿真：以 10kV 配电网为例建立无功补偿仿真模型（图 3.3.36），从上到下依次为三相电源、变压器、负荷、电容补偿器模块。假设线路长 2km，用户负荷 $P = 3800\text{kW}$，$Q = 2500\text{kvar}$。补偿前功率因数 0.83。功率因数补偿到 0.95，需要补偿的无功功率为 -1250kvar，对应的补偿电容为 $40\mu\text{F}$。案例中，2s 时投入无功补偿，并观察功率因数值。

各模块的参数设置如下。

如图 3.3.37 所示，三相电源电压采用星形接线方式，中性点接地，额定电压 110e3V，频率为 50Hz，内阻为 0.9Ohm，内感为 16.58e−3H。

如图 3.3.38 所示，变压器的额定功率为 50e6VA，频率为 50Hz，一次侧电压、电阻、电感分别为 110e3V、0.002pu、0.08pu；二次侧电压、电阻、电感设置为 10e3V、0.002pu、0.08pu。

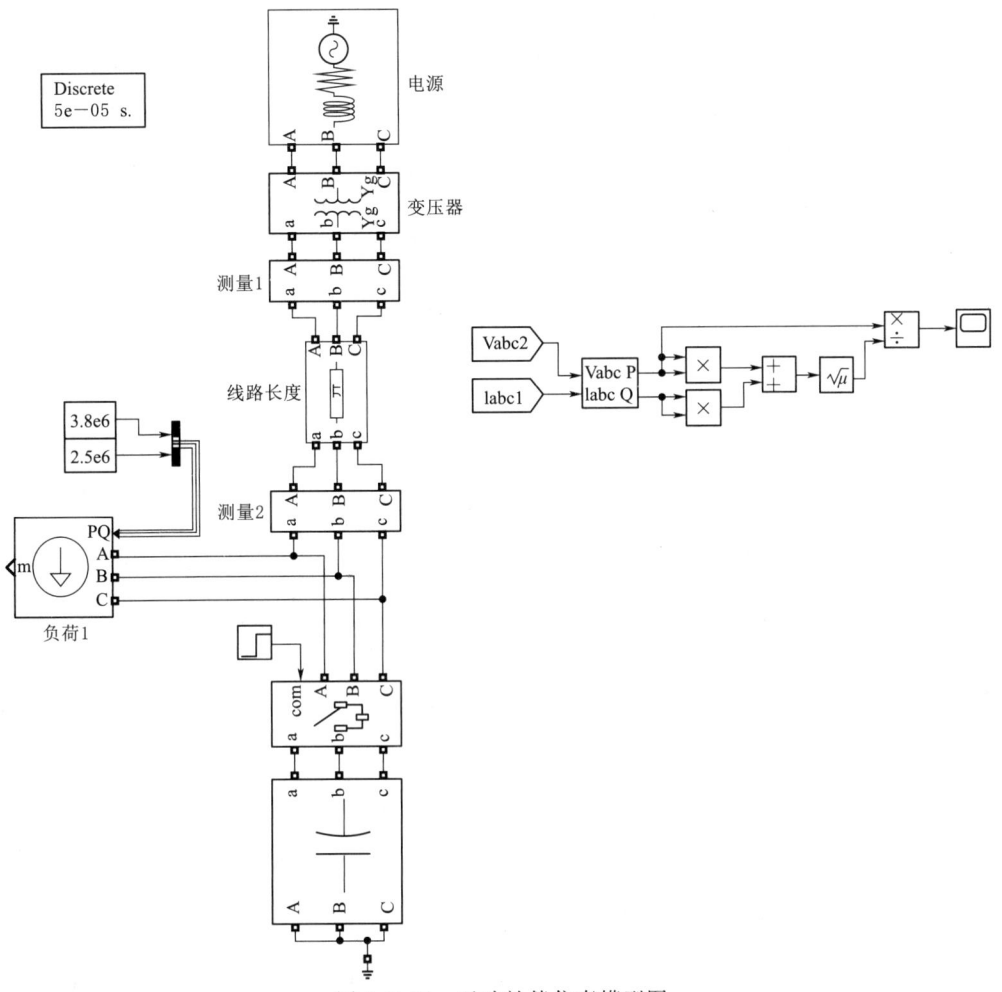

图 3.3.36　无功补偿仿真模型图

图 3.3.37　三相电源参数

图 3.3.38　变压器参数

如图 3.3.39 所示，电容补偿器的容量为 4e-5F。

如图 3.3.40 所示，线路频率为 50Hz，正序、零序电阻为 0.0794（Ohms/km）和 0.2382（Ohms/km），正序、零序电感为 0.3e-3H/km 和 0.9e-3H/km，正序、零序电容为 560e-9F/km 和 187e-9F/km，线路长度 2km。

图 3.3.39　电容补偿器参数　　图 3.3.40　线路参数

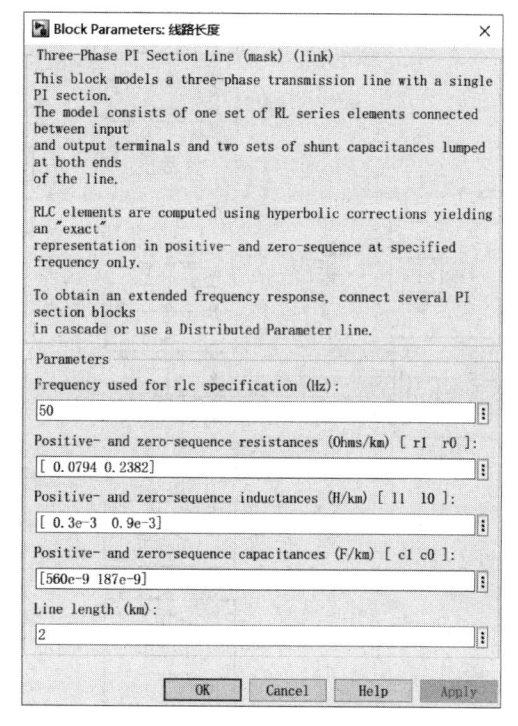

如图 3.3.41 所示，仿真时间设为 4s，仿真结果如图 3.3.41 所示。无功补偿投入前功率因数为 0.83、3.1s 时，无功补偿设备投入，功率因数提高到 0.95，验证了电容无功补偿的有效性。

3.3.3　负荷模型

如图 3.3.42 所示为三相动态负荷模型，该模型可以跟踪外部数据输入，实现负荷功率的动态变化。提取路径为：Simscape/Power System/Specialized Technology/Fundamental Blocks/Elements。

三相动态负荷模型的有功功率 P 和无功功率 Q 随正序电压的变化而变化，负序和零序不被模拟，因此只能模拟三相平衡负荷。如果负荷端电压低于某一规定值 Vmin，则负荷呈现恒阻抗特性。如果端电压大于 Vmin 值时，负荷有功功率 P 和无功功率 Q 的变化规律如下：

$$P(s) = P_0 \left(\frac{V}{V_0}\right)^{n_p} \frac{1 + T_{p1}s}{1 + T_{p2}s} \tag{3.3.3}$$

$$Q(s) = Q_0 \left(\frac{V}{V_0}\right)^{n_q} \frac{1 + T_{q1}s}{1 + T_{q2}s} \tag{3.3.4}$$

式中：V_0 为初始正序电压；P_0 和 Q_0 为初始电压下的初始有功功率和无功功率；V 为正序电压；n_p 和 n_q 为控制负载性质的指数（通常为 1~3）；T_{p1} 和 T_{p2} 为控制有功功率动态的时间常数；T_{q1} 和 T_{q2} 为控制无功功率动态的时间常数。

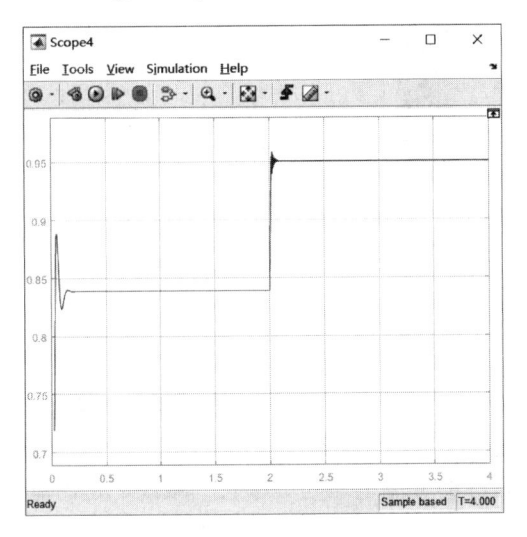

图 3.3.41 无功补偿仿真

图 3.3.42 三相动态负荷模型

如图 3.3.43 所示为三相动态负荷模型参数设置。参数 Nominal L-L voltage and frequency [Vn（Vrms）fn（Hz）] 为线电压和额定频率。参数 Active and reactive power at initial voltage [Po（W）Qo（var）] 为初始有功功率与无功功率。参数 Initial positive-sequence voltage Vo [Mag（pu）Phase（deg.）] 为初始正序电压、相角，当使用潮流工具或 powergui 模块的初始化工具时，该参数会使用潮流计算的值自动更新。勾选 External control of PQ 时，会出现一个标记为 PQ 的模块输入，支持通过外部输入有功功率和无功功率数值。参数 Time constants [Tp1 Tp2 Tq1 Tq2]（s）指定控制有功功率和无功功率动态的时间常数，默认值为 0。参数 Minimum voltage Vmin（pu）为指定负荷动态开始时的最小电压，负载阻抗在此值以下是恒定的，默认值为 0.7。参数 Filtering time constant（s）为滤波时间常数，默认值为 1e-4。

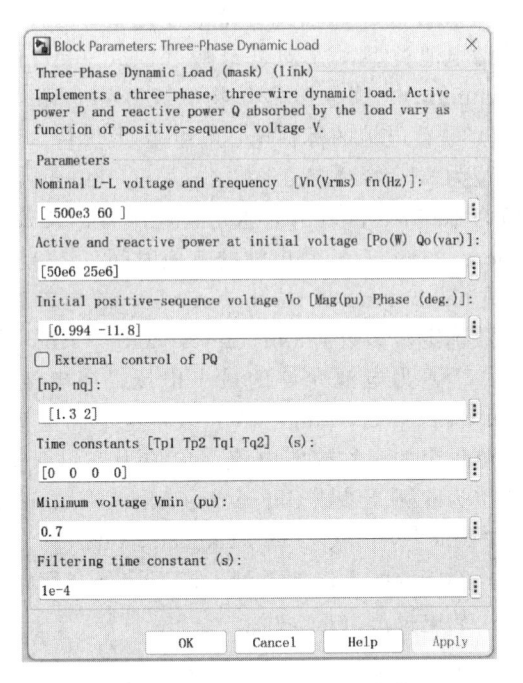

图 3.3.43 三相动态负荷模型参数设置

3.3.4 储能模型

在有源配电网中，储能具有削峰填谷、改善电能质量、促进可再生能源消纳的作用。

如图 3.3.44 所示，储能仿真模型主要包括蓄电池、变流器和控制系统模型。

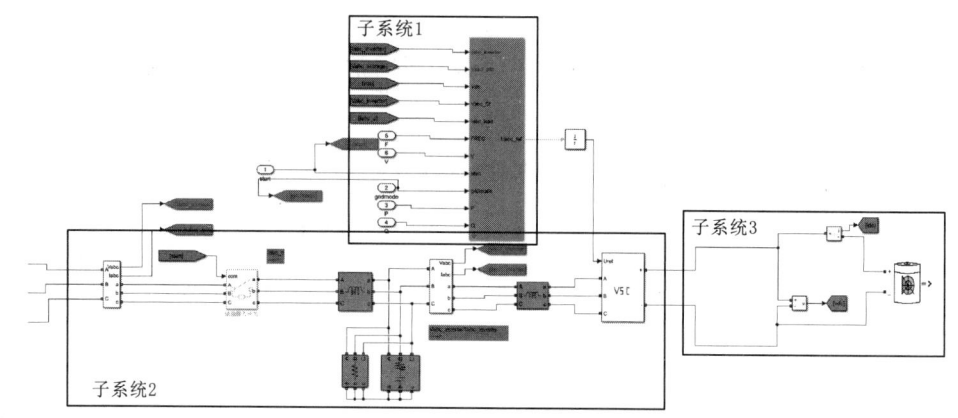

图 3.3.44　储能仿真模型

图 3.3.44 中，子系统 1 是储能逆变器的控制模块，主要控制模式为功率控制以及交流电压与频率控制，在并网状态下功率控制模式控制储能组件输出目标功率，在离网状态下交流电压与频率控制模式为离网系统构建目标的交流电压与频率；子系统 2 是储能电池模块，储能电池为直流线路提供稳定的直流电压，确保逆变器进行有效的控制；子系统 3 为储能逆变器，包含逆变器模型以及交流滤波器及储能并网开关。

如图 3.3.45 所示为蓄电池模型参数设置。在图 3.3.45（a）中，参数 Type 为四种可选蓄电池类型，分别是铅酸（Lead-Acid）、锂离子（Lithium-Ion）、镍镉（Nickel-Cadmium）、镍金属氢化物（Nickel-Metal-Hydride）蓄电池。参数 Nominal voltage（V）是蓄电池的标称电压，单位为伏特。参数 Rated capacity（Ah）是电池的额定容量，单位为 Ah。参数 Initial state-of-charge（%）是电池的初始荷电状态（SOC），当 SOC 值为 100% 时，表示电池充满电；当 SOC 值为 0% 时，表示电池未充电。参数 Battery response time（s）是电池的响应时间。图 3.3.45（b）中，选中 Determined from the nominal parameters of the battery 后，放电参数（Discharge）标签页的参数将由电池的标称参数确定。参数 Maximum capacity（Ah）为电池的最大理论容量。参数 Cut-off Voltage（V）为电池允许的最小电压，当电池电压到达这个参数值时代表放电完全。参数 Fully charged voltage（V）表示电池满电状态电压。参数 Nominal discharge current（A）为测量出的标称放电电流，单位为安培。参数 Internal resistance（Ohms）为电池内阻，单位为欧姆。参数 Capacity（Ah）at nominal voltage 为电池已放电容量。参数 Exponential zone［Voltage（V），Capacity（Ah）］为指数区电压和电容值。

对于铅酸蓄电池类型，模型计算方程如下：

放电模型（$i^* > 0$）：

$$f_1(it, i^*, i, \exp) = E_0 - K \cdot \frac{Q}{Q-it} \cdot i^* - K \cdot \frac{Q}{Q-it} \cdot it + \text{Laplace}^{-1}\left(\frac{\exp(s)}{Sel(s)} \cdot 0\right) \tag{3.3.5}$$

充电模型（$i^* < 0$）：

$$f_2(it, i^*, i, \exp) = E_0 - K \cdot \frac{Q}{it + 0.1 \cdot Q} \cdot i^* - K \cdot \frac{Q}{Q-it} \cdot it + \text{Laplace}^{-1}\left(\frac{\exp(s)}{Sel(s)} \cdot \frac{1}{s}\right) \tag{3.3.6}$$

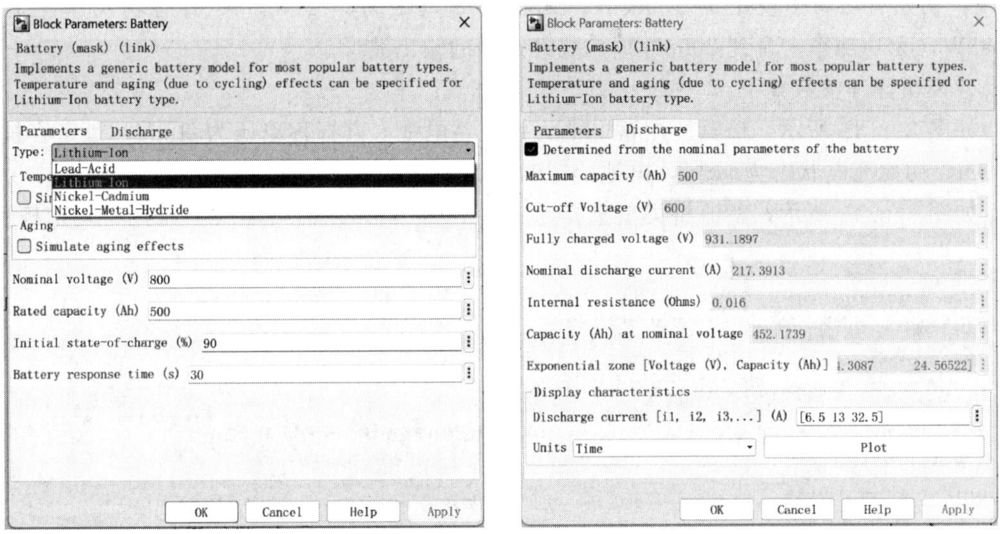

(a) 参数设置　　　　　　　　　　　　(b) 放电设置

图 3.3.45　蓄电池模型参数设置

对于锂离子电池类型，模型计算方程如下：

放电模型（$i^* > 0$）：

$$f_1(it, i^*, i) = E_0 - K \cdot \frac{Q}{Q-it} \cdot i^* - K \cdot \frac{Q}{Q-it} \cdot it + A \cdot \exp(-B \cdot it)$$

（3.3.7）

充电模型（$i^* < 0$）：

$$f_2(it, i^*, i) = E_0 - K \cdot \frac{Q}{it+0.1 \cdot Q} \cdot i^* - K \cdot \frac{Q}{Q-it} \cdot it + A \cdot \exp(-B \cdot it)$$

（3.3.8）

对于镍镉电池和镍金属氢化物电池类型，模型计算方程如下：

放电模型（$i^* > 0$）：

$$f_1(it, i^*, i, \exp) = E_0 - K \cdot \frac{Q}{Q-it} \cdot i^* - K \cdot \frac{Q}{Q-it} \cdot it + \text{Laplace}^{-1}\left(\frac{\exp(s)}{Sel(s)} \cdot 0\right)$$

（3.3.9）

充电模型（$i^* < 0$）：

$$f_2(it, i^*, i, \exp) = E_0 - K \cdot \frac{Q}{|it|+0.1 \cdot Q} \cdot i^* - K \cdot \frac{Q}{Q-it} \cdot it + \text{Laplace}^{-1}\left(\frac{\exp(s)}{Sel(s)} \cdot \frac{1}{s}\right)$$

（3.3.10）

式中：E_0 为恒定电压，V；$\exp(s)$ 为指数动态区域，V；$Sel(s)$ 为电池模式。电池放电期间 $Sel(s)=0$，电池充电期间 $Sel(s)=1$；K 为极化常数，Ah^{-1}；i^* 为低频动态电流，A；i 为电池电流，A；it 为提取容量，Ah；Q 为最大容量，Ah；A 为指数变化电压，V；B 为指数变化电容，Ah^{-1}。

仿真案例：以图 3.3.44 模型为例进行并网仿真。并网电压为 10kV，蓄电池电压为

800V，初始有功功率设定为150e3W，无功功率设定为50e3W。5s时有功功率上升到300e3W，无功功率上升到200e/3W，观察模型的输出波形。

各模块详细参数如下。

如图3.3.46所示，仿真所用蓄电池为铅酸蓄电池，其标称电压为900V，额定容量为500Ah，初始充电状态为90%，电池响应时间为1s。

如图3.3.47所示，整流桥类型选择为Average-model basd VSC，采用平均值模型。

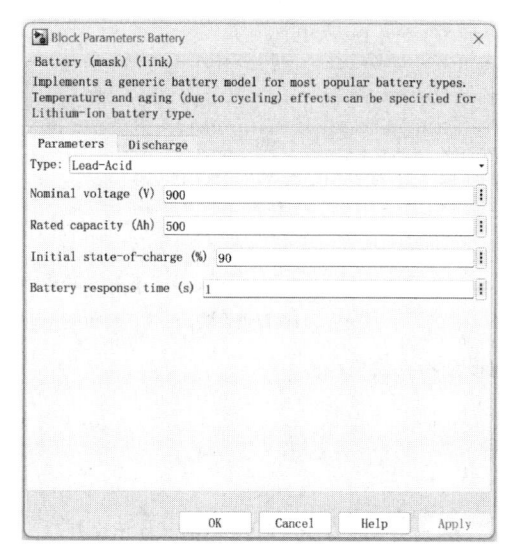

图 3.3.46　蓄电池参数

图 3.3.47　整流桥参数

如图3.3.48所示，LCL滤波器的滤波电容值为500e-6，滤波电感为1000e-6H。

如图3.3.49所示，变压器一次侧电压、电阻、电感分别为10e3V、0.0012pu、0.03pu；二次侧电压、电阻、电感设置为380V，0.0012pu，0.03pu。

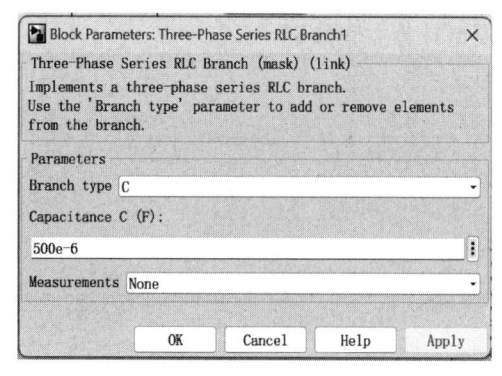

（a）滤波电容设置

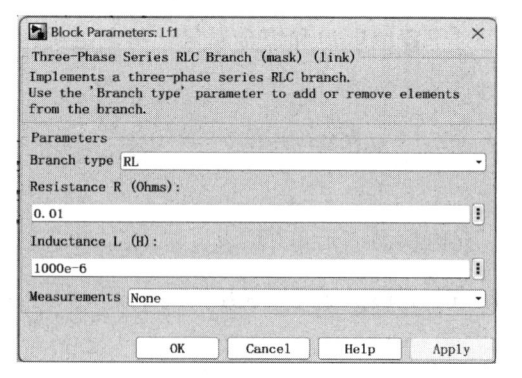

（b）滤波电感设置

图 3.3.48　滤波器参数

如图3.3.50所示，三相电源电压为10e3V，频率为50Hz，内阻为0.8929Ω，内感为16.58e-3H。

图 3.3.49　变压器参数

图 3.3.50　三相电源参数

仿真时间为 10s，仿真结果如图 3.3.51 所示。1s 时蓄电池开始响应，输出功率从 0 上升并稳定在 150kW，与初始设定值相同；5s 时，输出功率从 150kW 上升并稳定在 300kW。以上仿真结果验证了该储能模型的有效性。

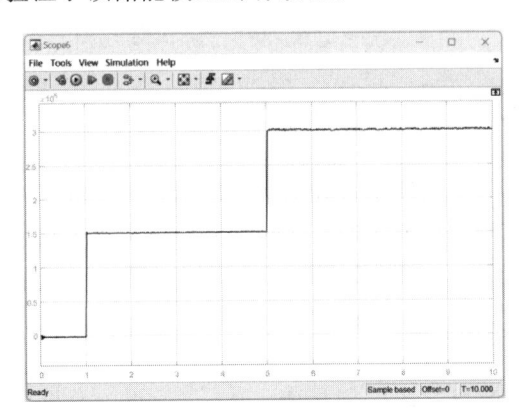

图 3.3.51　储能仿真波形

第4章 仿真数据采集方法

仿真需要从现场采集系统运行的实时数据，这些数据要准确、及时地反映电力系统的实时运行状态，采集的数据具体包括电力设备的状态、负荷情况、电网拓扑变化等信息。采集的数据可分为静态数据和动态数据。

1. 静态数据

静态数据是指变压器、线路、负荷、开关、发电设备等电力设施自身的固定参数，需人工导出用于建模。

2. 动态数据

动态数据主要包含发电和负荷运行数据、电网运行方式、储能及无功补偿设备运行方式等。目前，动态数据支持以下两种采集方式：

（1）人工采集加载：人工从系统采集数据并导出，再将其加载进模型。

（2）系统直接调用：接入调度系统，从已有电网系统（如调度营销网上电网）直接调用数据。

4.1 确认需求信息

在正式建模之前，首先要与需求方确认具体的信息清单等。以某产业园建模为例，建模之前我们首先与需求方确认产业园的具体规模和已有资料等信息。

4.2 确认模型信息

在需求信息得以确切确认之后，紧接着需依据建模的具体要求来核实模型的相关信息。若在此过程中发现尚有缺失的数据，且这些数据并未由需求方完整提供，则必须迅速与需求方进行沟通，以便及时获取并补充所需的数据。以某产业园为例，建模之初我们已经拿到基本的模型地理接线图，如图4.2.1所示。

根据总体图展示的信息，我们需根据图中的信息统计总体线路条数，光伏储能接入总量，变电站台数，每条线上的所有公变专

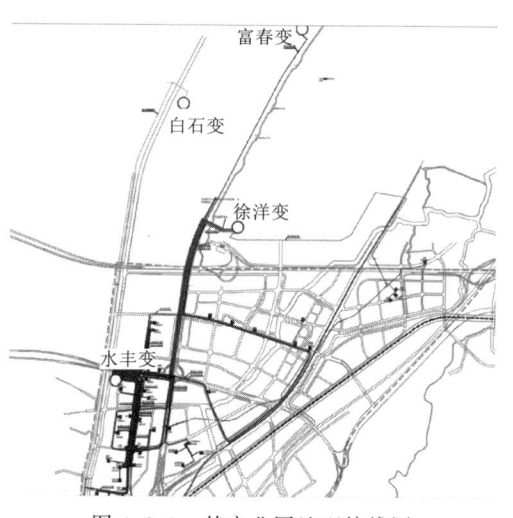

图 4.2.1 某产业园地理接线图

变负荷，线路中的电源、变压器，电缆线路规格型号，容量大小等。

根据实际所使用的各种电缆名称、型号、规格计算相应的电阻、电感及电容数据，可先在网上查找相关资料，再根据相关资料计算对应数据。

4.3 收资清单

收资清单见表 4.3.1。

表 4.3.1　　　　　　　　　　　收　资　清　单

序号	清 单 名 称
1	整体电网地理接线图
2	系统拓扑图
3	线路单线图
4	各电压等级变电台数、型号、容量、变压器型号、容量
5	电源型号、容量
6	线路名称、类型、型号、对应长度
7	配网运行方式，主要是检修线路对应时间段数据，联络开关，线路是否重构，重构的时间段
8	所有用户负荷数据（包括有功、无功）
9	所有光伏接入位置、功率
10	所有储能接入位置、容量、功率、充放电策略
11	所有风机接入位置、功率
12	光伏辐照度数据
13	风速数据

其中，线路型号为建模过程中必须提供的部分，每条线路的出线电缆、架空线、电缆型号都为必须提供的部分；光伏数据必须提供的部分包括户号、用电户、户名、容量、供电线路；储能数据均为必须提供的部分，户号、户名、容量、供电线路、控制策略以及储能所处的节点位置都与模型搭建息息相关，因此这些信息都是必须提供的。

负荷数据是最繁多最难收集的部分，需要把待建电网区域内的所有负荷数据全部收集过来，不能缺少遗漏，因此负荷数据的收集过程是耗时最长的一环，图中标注颜色部分为必须提供的信息，主要包括户号、户名、采集时间、有功和无功数据。数据采集时间为 15min 一个点，一共有一年的数据，表 4.3.1 为一台专变的部分数据，需要采集的数据为整个待建电网的所有公变专变负荷数据，所以文件较多、较烦琐，因此需要仔细收集、整理数据。

4.4 数据处理方法

数据处理方法包括数据清洗与预处理、数据修补、数据融合、数据回归分析和聚类分析。

4.4.1 数据清洗与预处理

数据清洗与预处理是仿真数据采集与处理过程中的一个关键环节，涉及多个具体步骤和技术，以确保数据的准确性、完整性和一致性。数据清洗与预处理是指对原始数据进行清理、整理、转换和标准化的过程，以便在进行数据分析和机器学习时能够得到更准确的结果。数据清洗与预处理是数据科学和机器学习的基础之一，涉及数据的质量提高和准备，以便在进行分析和建模时能够得到更准确的结果。数据清洗与预处理的目的是将不完整、不准确、不一致或冗余的数据转换为有用、准确、一致和完整的数据。这个过程涉及多个步骤，例如数据缺失值处理、数据类型转换、数据归一化、数据过滤、数据转换等。

数据清洗阶段涉及对原始数据进行筛选和处理，排除可能存在的异常值和错误数据，包括检查数据的完整性，确保所有必要的字段都有值，并且没有重复的记录。对于可能存在的异常值，可以通过统计方法识别和清除，以确保数据的准确性。数据预处理阶段旨在准备数据以便于后续分析和建模，包括数据的标准化、归一化、缺失值处理等操作。标准化和归一化可以将数据转换为具有统一尺度的形式，消除不同特征之间的量纲影响，有助于提高模型的稳定性和收敛速度；缺失值处理则涉及填补缺失值或者删除缺失值，以确保数据的完整性和可靠性。

数据清洗与预处理的详细步骤如下：

（1）识别数据问题。在数据清洗与预处理之前，首先需要识别数据中存在的问题。这些问题可能包括缺失值、重复值、异常值、格式不一致等。识别数据问题的方法包括：

1）可视化检查：利用图表和可视化工具对数据进行初步检查，观察数据的分布、趋势和异常情况。

2）统计分析：通过计算数据的统计量（如均值、标准差、最大值、最小值等）来识别数据的异常值和分布特征。

3）逻辑检查：根据数据的业务逻辑和常识来判断数据的合理性和一致性。

（2）处理缺失值。缺失值是数据清洗与预处理中常见的问题之一。处理缺失值的方法包括：

1）删除法：对于缺失值较少且不影响整体分析的情况，可以直接删除含有缺失值的记录。但这种方法可能会导致数据量的减少和信息的丢失。

2）插补法：使用均值、中位数、众数等统计量来填补缺失值。此外，还可以使用线性回归、决策树等机器学习算法来预测缺失值。插补法能够保留原始数据的大部分信息，但可能会引入一些误差。

3）不处理：在某些情况下，缺失值本身可能包含有用的信息（如某些调查中的"不知道"或"不适用"选项）。此时，可以选择保留缺失值，并在后续分析中考虑其影响。

（3）处理重复值。重复值是指数据集中存在完全相同或高度相似的记录。处理重复值的方法如下：

1）直接删除：对于完全相同的重复记录，可以直接删除以避免数据冗余。

2）合并记录：对于高度相似的记录，可以考虑合并它们以保留更完整的信息。

4.4.2 数据修补

数据修补是仿真数据采集过程中的一个重要环节，旨在填补数据中的缺失部分，以确保数据的完整性和准确性。常用的数据修补方法主要包括简单修补法、基于统计的修补方法、基于模型的修补方法和人工修补方法。

(1) 简单修补法包括忽略元组法和常量填充法。

1) 忽略元组法：当缺失数据的样本相对比例较小（如低于1%），且样本数据量较大时，可以考虑直接删除含有缺失值的记录。这种方法简单直接，但会损失部分数据，且可能导致统计分析的偏差。

2) 常量填充法：使用一个固定的常量值（例如0、某个特定业务含义的值等）来填充数据集中的所有缺失值。这种方法实现起来较为简单，只需将缺失值统一替换为预设常量即可。不过，其填充结果可能会对数据的分布和特征造成扭曲，进而导致错误的分析结果，因此适用范围较为有限。

(2) 基于统计的修补方法包括均值填补法、中间值填充法和最常见值填充法。

1) 均值填补法：计算同一字段中所有属性值的平均值，并用这个平均值来填补该字段中的所有缺失值。这种方法考虑了数据间的关联性，但可能忽略数据中的不一致性和极端值的影响。

2) 中间值填充法：使用字段中所有数值的中间值来填补缺失值。这种方法与均值填补法类似，但更适用于数据分布较为均匀的情况。

3) 最常见值填充法：使用同一字段中出现次数最多的属性值来填补该字段的所有缺失值。这种方法考虑了数据的频率分布，但可能受到数据偏斜的影响。

(3) 基于模型的修补方法包括回归模型法和分类法。

1) 回归模型法：通过回归分析建立相应的回归模型，利用模型对缺失值进行估计。这种方法考虑了变量间的关系，通常比其他统计方法效果更好。

2) 分类法：使用分类器（如决策树、贝叶斯分类器等）对缺失值进行预测和填补。分类法能够利用数据的类别信息来填补缺失值，提高填补的准确性。

(4) 人工修补方法：由领域专家或数据修补者对缺失值进行人为填写。这种方法依赖于填写者的经验和业务能力，对重要数据或数据量不大的情况较为适用。

4.4.3 数据融合

数据融合就是将匹配好的数据融合在一起，这可以通过多种算法或技术实现。常见的数据融合方法有加权平均法、主成分分析法（PCA）、贝叶斯估计法、卡尔曼滤波法、模糊逻辑法和人工智能方法。选择合适的融合方法取决于数据的特性、融合的目标以及应用场景。

(1) 加权平均法：为不同数据源赋予不同的权重，然后进行加权平均计算，适用于各个数据源具有相同类型且重要性差异不大的情况。

(2) 主成分分析法（PCA）：通过去除数据中的冗余信息，将其余信息转入少数几个主成分中，可以有效地减少数据的维度，同时保留大部分信息。

(3) 贝叶斯估计法：基于概率论中的贝叶斯定理，通过更新先验概率来得到后验概率，适用于不确定性较高的数据融合场景，如多传感器信息融合。

(4) 卡尔曼滤波法：一种线性滤波方法，通过递归算法对动态系统的状态进行最优估计，适用于实时数据处理和预测，如车辆跟踪和导航系统。

（5）模糊逻辑法：利用模糊集合理论来处理不确定性问题，适用于数据具有高度模糊性和不确定性的场景，如图像识别和语音识别。

（6）人工智能方法：包括机器学习、深度学习等人工智能方法，可以实现对大规模、高维度数据的高效融合，适用于需要处理复杂、非线性关系的场景。

4.4.4 数据回归分析

数据回归分析法指利用数据统计原理，对大量统计数据进行数学处理，并确定因变量与某些自变量的相关关系，建立一个相关性较好的回归方程（函数表达式），并加以外推，用于预测今后因变量的变化。

数据回归分析法有以下两种分类：

（1）根据因变量和自变量的个数，可分为一元回归分析和多元回归分析。

1) 一元回归分析（univariate regression analysis）的主要任务是从两个相关变量中的一个变量去估计另一个变量，被估计的变量称为因变量，可设为 Y，估计出的变量称为自变量，设为 X。回归分析就是要找出一个数学模型 $Y=f(X)$，使得从 X 估计 Y 可以用一个函数式去计算。当 $Y=f(X)$ 的形式是一个直线方程时，称为一元线性回归。这个方程一般可表示为 $Y=A+BX$。根据最小平方法或其他方法，可以从样本数据确定常数项 A 与回归系数 B 的值。A、B 确定后，有一个 X 的观测值，就可得到一个 Y 的估计值。回归方程是否可靠，估计的误差有多大，都还应经过显著性检验和误差计算。有无显著的相关关系以及样本的大小等，是影响回归方程可靠性的因素。

2) 多元回归分析（multiple regression analysis）：指在相关变量中将一个变量视为因变量，其他一个或多个变量视为自变量，建立多个变量之间线性或非线性数学模型数量关系式并利用样本数据进行分析的统计分析方法。另外，讨论多个自变量与多个因变量的线性依赖关系的多元回归分析，称为多元多重回归分析模型（或简称"多对多回归"）。

（2）根据因变量和自变量的函数表达式，可分为线性回归分析和非线性回归分析。

1) 线性回归分析（linear regression）：是根据一个或一组自变量的变动情况预测与其相关关系的某随机变量的未来值的一种方法。回归分析需要建立描述变量间相关关系的回归方程。根据自变量的个数，回归方程可以是一元回归，也可以是多元回归。如果回归函数是一个线性函数，则称变量间是线性相关。一元线性回归分析包括两个变量：自变量，以 x 表示；因变量（预测变量），以 y 表示。假设 x 与 y 的已知数据是来自母体的一组样本观察值，这组观察值应满足下列条件：①观察值彼此独立，它们围绕回归线的波动服从正态分布；②沿回归直线方向母体观察值的方差处处相等；③x 与 y 属于线性相关。多元线性回归分析是指影响预测变量的主要因素不止一个，多元回归分析的原理与一元回归基本相同，但运算较为复杂，一般要借助计算机完成。

2) 非线性回归分析（nonlinear regression analysis）：是一种用于建立变量之间非线性关系的统计方法。它与线性回归分析的主要区别在于，非线性回归模型中的自变量与因变量之间的关系不是线性的，而是遵循某种非线性函数形式。

4.4.5 聚类分析

聚类分析指将物理或抽象对象的集合分组为由类似的对象组成的多个类的分析过程，它是一种重要的人类行为。

聚类分析的目标就是在相似的基础上收集数据来分类。聚类源于很多领域，包括数学、计算机科学、统计学、生物学和经济学。在不同的应用领域，很多聚类技术都得到了发展，这些技术方法被用作描述数据，衡量不同数据源间的相似性，以及把数据源分类到不同的簇中。

类是将数据分类到不同的类或者簇的过程，所以同一个簇中的对象有很大的相似性，而不同簇间的对象有很大的相异性。

从统计学的观点看，聚类分析是通过数据建模简化数据的一种方法。传统的统计聚类分析方法包括系统聚类法、分解法、加入法、动态聚类法、有序样品聚类、有重叠聚类和模糊聚类等。采用K-均值、K-中心点等算法的聚类分析工具已被加入到许多统计分析软件包中，如SPSS、SAS等。

从机器学习的角度讲，簇相当于隐藏模式。聚类是搜索簇的无监督学习过程。无监督学习不依赖预先定义的类或带类标记的训练实例，需要由聚类学习算法自动确定标记，而分类学习的实例或数据对象有类别标记。聚类是观察式学习，而不是示例式的学习。

聚类分析是一种探索性的分析，在分类的过程中，人们不必事先给出一个分类的标准，聚类分析能够从样本数据出发，自动进行分类。聚类分析所使用方法的不同，常常会得到不同的结论。不同研究者对于同一组数据进行聚类分析，所得到的聚类数未必一致。

从实际应用的角度看，聚类分析是数据挖掘的主要任务之一。而且聚类能够作为一个独立的工具获得数据的分布状况，观察每一簇数据的特征，集中对特定的聚簇集合作进一步的分析。聚类分析还可以作为其他算法（如分类和定性归纳算法）的预处理步骤。

聚类分析按照层次聚类和非层次聚类两种方式进行分类。

(1) 层次聚类（hierarchical clustering）方法：包括自底向上法、自顶向下法、基于密度的聚类方法、基于网格的聚类方法。

1) 自底向上法：首先，每个数据对象都是一个簇，计算数据对象之间的距离，每次将距离最近的点合并到同一个簇。然后，计算簇与簇之间的距离，将距离最近的簇合并为一个大簇，直到合成一个簇或者达到某个终止条件为止。簇与簇的距离的计算方法有最短距离法、中间距离法、类平均法等，其中，最短距离法是将簇与簇的距离定义为簇与簇之间数据对象的最短距离。自底向上法的代表算法是AGNES（AGglomerative NESting）算法。

2) 自顶向下法：该方法在一开始所有个体都属于一个簇，然后逐渐细分为更小的簇，直到最终每个数据对象都在不同的簇中，或者达到某个终止条件为止。自顶向下法的代表算法是DIANA（Divisive ANAlysis）算法。基于层次的聚类算法的主要优点包括：距离和规则的相似度容易定义、限制少、不需要预先制定簇的个数、可以发现簇的层次关系；基于层次的聚类算法的主要缺点包括：计算复杂度太高、奇异值也能产生很大影响、算法很可能聚类成链状。

3) 基于密度的聚类方法：该方法的主要目标是寻找被低密度区域分离的高密度区域。基于距离的聚类算法的聚类结果是球状的簇，而基于密度的聚类算法可以发现任意形状的簇；基于密度的聚类方法是从数据对象分布区域的密度着手的；如果给定类中的数据对象在给定的范围区域中，则数据对象的密度超过某一阈值就继续聚类。基于密度的聚类方法通过连接密度较大的区域，能够形成不同形状的簇，而且可以消除孤立点和噪声对聚类质量的影响，以及发现任意形状的簇。基于密度的聚类方法中最具代表性的是 DBSCAN（Density – Based Spatial Clustering of Applications with Noise）算法、OPTICS（Ordering Points To Identify the Clustering Structure）算法和 DENCLUE（DENsity – CLUstering）算法。

4）基于网格的聚类方法：该方法将空间量化为有限数目的单元，可以形成一个网格结构，所有聚类都在网格上进行。基于网格的聚类方法的基本思想就是将每个属性的可能值分割成许多相邻的区间，并创建网格单元的集合，每个对象落入一个网格单元，网格单元对应的属性空间包括该对象的值。基于网格的聚类方法的主要优点是处理速度快，其处理时间独立于数据对象数，而仅依赖于量化空间中的每一维的单元数；缺点是只能发现边界是水平或垂直的簇，而不能检测到斜边界。另外，在处理高维数据时，网格单元的数目会随着属性维数的增长而呈指数级增长。

（2）非层次聚类方法包括划分聚类、谱聚类。

1）划分聚类方法：又称为基于分区的聚类方法，或基于距离的聚类方法。

概念：给定数据集有 n 个样本，在满足样本间距离的前提下，最少将其分成 k 个聚类；参数 k 表示聚类分组的个数，该值需要在聚类算法开始执行之前指定。

典型的基于划分的聚类方法有 K – Means 方法和 K – Mrdoids 方法。K – Means 方法又称为 K 均值方法，聚类由分组样本中的平均均值点表示；K – Mrdoids 方法又称为 K 中心点方法，聚类由分组样本中的某个样本表示。K – Means 是最基础的聚类算法，是基于划分的聚类方法，属于硬聚类；在这个基础上，GMM 高斯混合模型则是基于模型的聚类方法，属于软聚类。

2）谱聚类方法：谱聚类（spectral clustering）是广泛使用的聚类算法，比起传统的 K – Means 方法，谱聚类对数据分布的适应性更强，聚类效果也更为优秀，同时聚类的计算量也小很多，实现过程也较为简单。

概念：谱聚类是从图论中演化出来的算法，后来在聚类中得到了广泛的应用。它的主要思想是把所有的数据看作空间中的点，这些点之间可以用边连接起来。距离较远的两个点之间的边权重值较低，而距离较近的两个点之间的边权重值较高，通过对所有数据点组成的图进行切图，让切图后不同的子图间边权重和尽可能的低，而子图内的边权重和尽可能的高，从而达到聚类的目的。

聚类分析方法具有如下特征：①聚类分析简单、直观；②聚类分析主要应用于探索性的研究，其分析的结果可以提供多个可能的解，选择最终的解需要研究者的主观判断和后续的分析；③不管实际数据中是否真正存在不同的类别，利用聚类分析都能得到分成若干类别的解；④聚类分析的解完全依赖于研究者所选择的聚类变量，增加或删除一些变量对最终的解都可能产生实质性的影响；⑤研究者在使用聚类分析时应特别注意可能影响结果的各个因素；⑥异常值和特殊的变量对聚类有较大影响，当分类变量的测量尺度不一致时，需要事先做标准化处理。

第5章 建 模 方 法

5.1 仿真流程

有源配电网仿真按照实施步骤，一般可分为仿真方案设计、数据收集与预处理、仿真模型搭建、模型导入与调试、仿真结果分析5个环节。如图5.1.1所示。

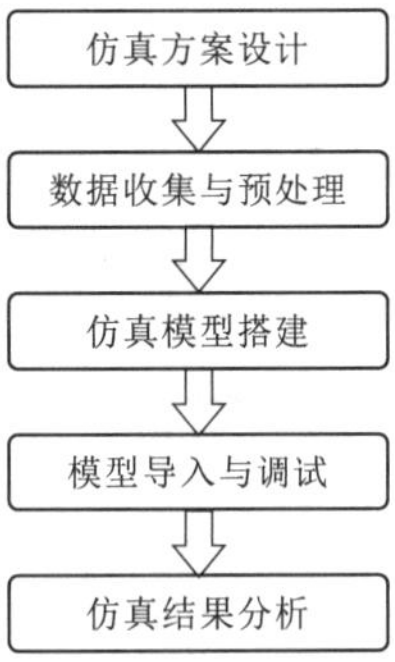

5.1.1 仿真方案设计

仿真方案的设计需紧密围绕仿真对象的具体需求与特性，首要步骤是清晰界定仿真的核心目标。同时，需精确评估并规划实现这一目标所需的仿真硬件资源。在此基础上，设计一系列具有代表性的仿真场景，这些场景应全面覆盖单体设备的功能验证及整个系统的功能特性模拟，遵循由简至繁的原则，即先开展开环系统仿真，逐步过渡到闭环系统仿真，从局部模块的独立测试扩展到整个系统的综合验证。

图 5.1.1 仿真流程示意图

仿真试验方案的编制应详尽而系统，其内容通常涵盖以下几个方面：

（1）概述部分简要介绍仿真项目的背景、目的及意义。

（2）明确试验的理论依据与标准。

（3）深入阐述仿真模型的构建过程与方法。

（4）详细规划试验场景，包括具体的试验项目、试验内容、所需的试验条件以及运行模式，确保每项试验都能精准对接仿真目标。

（5）还需制定详细的项目实施计划，明确时间节点与任务分配；组织安排部分则关注试验团队的结构与职责分工；试验步骤需条理清晰，便于执行与记录。

（6）预测并描述仿真试验的预期结果，为后续的数据分析与评估提供依据。通过这样全面而细致的设计，确保仿真试验能够高效、准确地达成既定目标。

5.1.2 数据收集与预处理

数据收集与预处理作为仿真建模的基石，其全面性和准确性直接决定了仿真结果的精度与有效性。在着手进行仿真建模之前，根据明确的仿真目标深入剖析建模的具体需求，是不可或缺的步骤。制作一份详尽的数据收集清单，以确保所有关键信息无遗漏。

在对某地区公司深入调研的基础上，明确建模的需求，制定资料收集清单，其中包括变压器信息、网架信息、负荷信息、电源信息、新能源装机信息等关键要素。在详细统计该地区电网节点信息的基础上，制作预拆分点表，依此逐步搭建包含信安和夏金两座

500kV 变电站、15 座 220kV 变电站（如全旺、太真、南竹等）以及 63 座 110kV 变电站（如东岳、凤朝、城南等）的变压器和 110kV 及以上的网架模型。在 Simulink 环境中，对模型进行全面的测试后，将 Simulink 模型转换为 TC 格式，以适应数字实时仿真系统的要求。同时制作了数据接口，对数据接口和仿真模型一一绑定，实现该地区电网内各要素模型间的顺畅交互。建模工作的流程如图 5.1.2 所示。

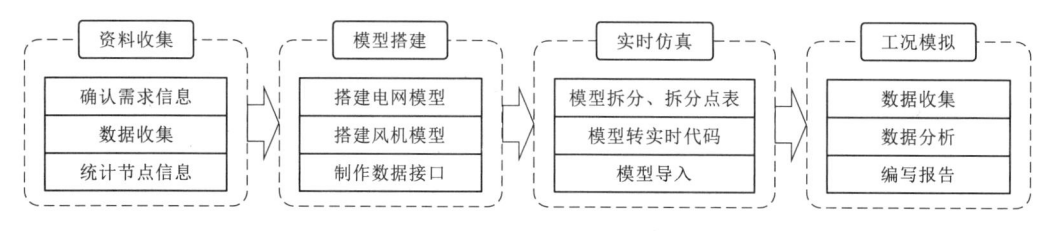

图 5.1.2　建模工作流程

具体收资清单见表 5.1.1，包括该地区整体电网地理接线图、线路条数、变电站台数、每条线上的所有公变专变负荷、线路中电源、电缆线路型号、容量等内容。

表 5.1.1　具体收资清单

序号	清 单 名 称
1	该地区整体电网地理接线图
2	线路条数
3	线路单线图
4	线路名称、类型、型号、单位长度电气参数、继电保护限额
5	各电压等级变电站台数、型号、容量、变压器型号、容量
6	电源型号、容量
7	所有用户负荷数据（包括有功、无功）
8	所有光伏接入位置、功率
9	光伏辐照度数据
10	所有风机接入位置、功率
11	风速数据

5.2　模型拆分

5.2.1　拆分方法

电磁暂态仿真需要对几万个三相节点的区域级或者跨区电网进行电磁暂态仿真，计算量非常大，必须采用并行方法对仿真计算加速。可以充分利用电力系统的稀疏性，采用并行数值积分方法，将全系统整个问题的数值求解分割成若干个可以解耦的、独立求解的过程，但是一则由于算法实现难度过大，二则无法与装置内部拓扑结构紧密结合，这种思路很少采用；目前最实用的方法是充分利用新型计算机多 CPU 核心/多线程的特点，将一个大电网分割为多个子网络，多个 CPU 同时计算子网络，实现并行计算，子网络之间的信息通过通信进行交换,实时仿真装置 RTDSH4、HYPERSIM、ADPSS 以及离线的全电磁暂态仿真软件 PSMode 都是采用同样的思路,本小节将介绍如何通过算法实现网络的分割和并行计算。

5.2.1.1 长传输线解耦的分网并行算法

电磁暂态仿真中,长线路采用分布参数模型后,可以形成图 5.2.1,这样两侧节点自然分开,当仿真计算步长不大于波在线路上的传输时间时,在每个计算时刻,可将长距离输电线路两端的网络自然解耦,这种自然解特性使得仿真中所用的系统节点导纳矩阵不会因这条线路的存在而在线路首末两端对应节点上产生互导纳。这种利用分布参数线路模型将网络自然解耦进行并行计算的方法称为长输电线解耦分网并行算法。

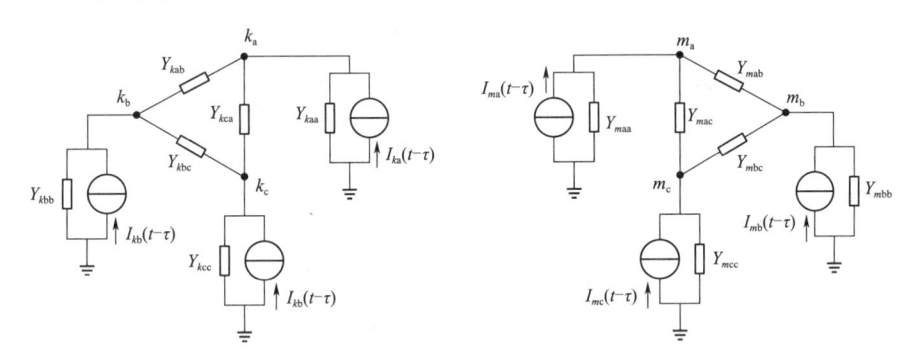

图 5.2.1 三相输电线路等值电路

图中,Y 表示各支路导纳;k、m 表示三相输电线路两侧节点;a、b、c 用于区分三相节点;I 为电流源输出的电流;t 为当前时刻;τ 为传播时间。

长输电线解耦分网并行算法利用波动方程描述的分布参数线路模型可将两端网络自然解耦的特点进行网络分割和并行计算,是电磁暂态并行分网中的最基本方法,是最简单也是计算速度最快的算法,如果条件满足最好能尽量采用该算法进行网络分割。应用长输电线解耦分网并行算法,需要满足波在线路上的传输时间大于仿真步长这一条件。对于三相线路均匀换位且参数相同的三相平衡线路而言,正序和负序参数是一致的,不过零序参数与正序参数不同,所以必然存在正序和零序两个波速。波的传播延时计算可运用式(5.2.1)。

$$\omega_0 = 2\pi f_0, \tau_1 = \sqrt{L_1 \cdot C_1} = \frac{\sqrt{x_1^* \cdot B_1^*}}{\omega_0}, \tau_0 = \sqrt{L_0 \cdot C_0} = \frac{\sqrt{x_0^* \cdot B_0^*}}{\omega_0} \quad (5.2.1)$$

式中:f_0 为用于计算线路模型参数的频率;ω_0 为 f_0 对应的角频率;L_1 和 C_1 为正序电感和电容;x_1^* 和 B_1^* 为正序电抗和电纳的标幺值;L_0 和 C_0 为零序电感和电容;x_0^* 和 B_0^* 为零序电抗和电纳的标幺值。

式(5.2.1)可以根据机电暂态数据提供的线路的电抗和电纳标幺值计算,也可以根据线路的长度除以光速近似估算,对于一个采用 50ms 仿真步长的电磁暂态仿真,可以进行解耦的传输线路长度需要超过 15km。

5.2.1.2 基于 MATE 的并行算法

应用长输电线解耦分网并行算法进行网络分割的输电线路长度必须超过 15km,然而实际电网的分割并不一定都能满足该要求。Marti 等在修正节点分析法以及基于戴维南等效概念的基础上提出了 MATE（multilevel-area thevenin equation）算法，用于解决电力系统仿真中分网不灵活的问题，其基本思想是将整个电力系统网络通过一些支路分割成多个子系统，计算各子系统不含连接支路时的节点电压，然后得到连接支路上的电流，再将连接支路电流的影响纳入各个子系统中，最终完成整个网络的求解，整个计算过程与采用戴维南形式的补偿法的思路基本一致。

采用基于 MATE 的并行算法，可以利用网络中存在的集中参数线路或元件进行网络分割和并行计算，进一步增加了网络分割的灵活性。为进一步说明 MATE 的概念，考察图 5.2.2 所示的系统。该系统被分为三个子系统 A、B、C，并通过 6 根连接线相连，该混合系统的修正节点方程式见下式：

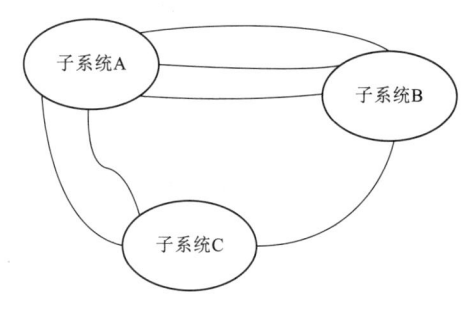

图 5.2.2 子系统划分图

$$\begin{bmatrix} A & 0 & 0 & p \\ 0 & B & 0 & q \\ 0 & 0 & C & r \\ p^T & q^T & r & -z \end{bmatrix} \begin{bmatrix} u_A \\ u_B \\ u_C \\ i_a \end{bmatrix} = \begin{bmatrix} h_A \\ h_B \\ h_C \\ -V_a \end{bmatrix} \tag{5.2.2}$$

式中：A、B、C 为子系统的导纳矩阵；p、q、r 为反映子系统某一节点与连接线电流负相关的关联矩阵；h_A、h_B、h_C 为子系统的等值电流源列向量；z 为连接线的戴维南阻抗矩阵；V_a 为连接线的戴维南电势列向量；u_A、u_B、u_C 为子系统的节点电压列向量；i_a 为连接线电流列向量。

对式（5.2.3）进行矩阵变换，得到

$$\begin{bmatrix} A & 0 & 0 & p \\ 0 & B & 0 & q \\ 0 & 0 & C & r \\ 0 & 0 & 0 & z_a \end{bmatrix} \begin{bmatrix} u_A \\ u_B \\ u_C \\ i_a \end{bmatrix} = \begin{bmatrix} h_A \\ h_B \\ h_C \\ e_a \end{bmatrix} \tag{5.2.3}$$

式中：

$$z_a = p^T A^{-1} p + q^T B^{-1} p + r^T C^{-1} p + z \tag{5.2.4}$$

$$e_a = p^T A^{-1} h_A + q^T B^{-1} h_B + r^T C^{-1} h_C + V_a \tag{5.2.5}$$

每个仿真步长内，每个子系统将其修正的戴维南阻抗和电势传给连接线，利用下式求解连接线电流，并将连接线电流返回给各子系统，以求解子系统节点电压。

$$z_a i_a = e_a \tag{5.2.6}$$

通过上述步骤可以看到，子系统 A、B、C 的每一步仿真计算都需要进行两次网络求解计算：①由于每个子系统的历史电流时刻变化，子系统 A、B、C 必须每一步都修正连接线的戴维南等效电压；②计算出连接线的电流后，用该电流修正各个子系统的节点电压。虽然两次网络相关的计算都可以通过三角分解后的下三角矩阵（L）和上三角矩阵

(U)，利用前代法和回代法来完成，但毕竟增加了一次网络的求解过程，相比长输电线解耦分网并行算法，必然加大计算量。

5.2.1.3 节点分裂分网并行算法

基于 MATE 的并行算法，虽然不受限于输电线路的长度，但是不能处理一个子网为电磁暂态模型（采用 ABC 三相瞬时值）、另一个子网为机电暂态模型（采用正负零三序基波相量有效值）的情况。节点分裂分网并行算法的具体思路如下：

对于任意一个电力系统，假设根据网络分布可以将网络通过任意节点划分三大块：子网 A、子网 B、子网 C，它们之间通过边界节点 [α]、[β]、[γ] 相连，[α]、[β]、[γ] 表示边界点的集合，如图 5.2.3 所示。

将边界点一分为二如图 5.2.3 所示的电力系统又可以表示为图 5.2.4 所示的形式。

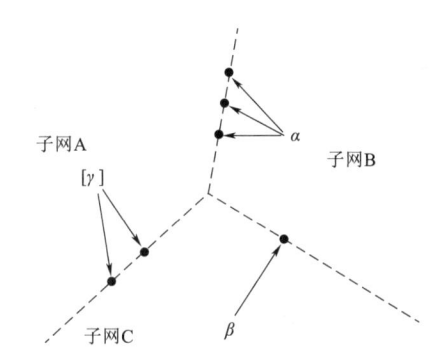

图 5.2.3　系统划分示意图（原始图） 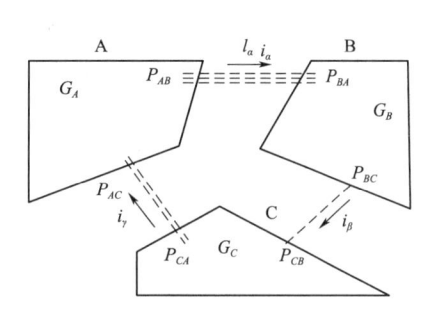　　图 5.2.4　系统划分示意图（节点分裂后）

图 5.2.4 中，i_α、i_β、i_γ 表示电磁暂态子网 A、B、C 之间的联络电流，电流方向任意，假定其流向如图 5.2.4 中箭头所示，电磁暂态子网 A、B、C 的网络方程可写为

$$G_A U_A = h_A - p_{AB} i_\alpha + p_{AC} i_\gamma \tag{5.2.7}$$

$$G_B U_B = h_B - p_{BA} i_\alpha - p_{BC} i_\beta \tag{5.2.8}$$

$$G_C U_C = h_C - p_{CA} i_\gamma + p_{CB} i_\beta \tag{5.2.9}$$

式中：G_A、G_B、G_C 分别为电磁暂态子网 A、B、C 的节点导纳矩阵；U_A、U_B、U_C 分别为电磁暂态子网 A、B、C 的节点电压列向量；h_A、h_B、h_C 分别为电磁暂态子网 A、B、C 的等值历史电流源列向量。

图 5.2.4 中，边界点一分为二，由同一边界点在不同子网中计算所得的电压应该是相等的关系。

节点分裂分网并行算法是基于 MATE 的并行算法的扩展：二者都是基于矩阵变换和戴南等效的概念，基于 MATE 的并行算法选择集总参数线路或者元件进行网络分割，而节点裂分网并行算法可以理解为针对的是母线撕裂后的特殊支路（阻抗为 0 的理想路）。与基于 MATE 的并行算法类似，节点分裂分网并行算法也会由于每个子系统增加一次网络求解过程而导致计算量增加。

基于上述仿真流程和方法，下文将通过某简化的配电网网格案例，对有源配电网电磁暂态实时仿真的典型操作流程进行演示。

5.2.2 模型信息统计

需求方及模型基本信息整理完毕后,接下来就需要整理统计整体模型的节点信息。包括所有的电源、变压器、负荷、开关、光伏等模块。然后根据已有仿真系统核的数量,求出每个核可放节点数的平均值。

5.2.3 点表拆分

在 Simulink 中建好仿真模型经调试无误后,将正确的 Simulink 面模型转为 Twincat(TC)文件,然后导入仿真系统中运行。在 TC 系统中运行时,最重要的是观察它的实时性。在 TC 系统中有 Task 管理页面,在总的 Task 管理页面可以看到每个核中模型运行时的总延时与 CPU 延时。当 CPU 延时远小于设置的步长时,模型一定是实时的。根据统计的节点信息,及测量的各个模块的延时表来制订预拆分点表。制定预拆分点表,最主要的依据就是各个模块的延时时间,表 5.2.1 为具体模块占用的延时。

表 5.2.1　　　　　　　　　　具体模块占用的延时

元件名称	电源	变压器	负载	开关	测量模块	Ⅱ形线路	光伏	电流源	计算模块个数	Task 延迟单位/μs	结论(波动按最大算)
数量	1	1	1	0	1	1	0	0	0	2.2	
数量	1	1	1	0	1	1	1	0	0	3.4	光伏 1.2μs
数量	1	1	1	0	1	1	1	0	10×Rms(测三相信号)	4.9	三信号 Rms 0.15μs
数量	1	1	1	0	1	1	1	0	10×Rms(测单个信号)	4.4	单信号 Rms 0.1μs
数量	1	1	1	0	1	1	1	0	10 个功率计算模块(加锁相环)	14	功率计算模块 1.06μs
数量	1	1	1	0	1	1	1	0	10 个积分	3.6	积分 0.02μs
数量	1	1	1	10(串联)	1	1	1	0	0	7.3	开关 0.51μs
数量	1	1	1	0	11	1	1	0	0	4.8	测量模块 0.14μs
数量	1	1	1	0	1	11	1	0	0	17.4	PI 型线路 1.4μs
数量	1	1	11	0	1	1	1	0	0	12.3	负荷 0.79μs
数量	1	1	1	10(有部分并联)	1	1	1	0	0	7.6	接线方式有影响
数量	1	1	6	10(有部分并联)	1	1	1	0	0	11.8	
数量	1	11	1	0	1	1	1	0	0	10.9	变压器 0.75μs
数量	1	1	1	0	1	1	1	10	0	4.7	电流源 0.13μs

注 1. 示波器也占内存,Simulink 中测试结束无误后可以删除(示波器根据所测内容不同所占的内存也不同)。
　　2. 线路的接线方式(串并联)对延时也有影响,串联的影响更小。

依照测试时间估算统计出的模型所有节点对电网模型进行拆分，拆分的原则：首先，按照没有线路交互的变电站来拆；其次，按照同一变电站的母线分段来拆分；再次，在按照同一母线上的线路来拆分，具体线路的拆分可以设置合适的断点来拆分，优先在线路母线上拆分，最后在开关站处进行拆分。根据拆分的优先级顺序合理分配每个 TC 核中具体的线路信息。

5.3 模型搭建

5.3.1 基础配置

在完成所有模型信息的整理工作之后，就可以进行基于 MATLAB/Simulink 工具进行图形式建模了，具体步骤如下：

（1）对建模环境进行相应的基础配置。打开 MATLAB 软件，单击 Simulink，如图 5.3.1 所示。

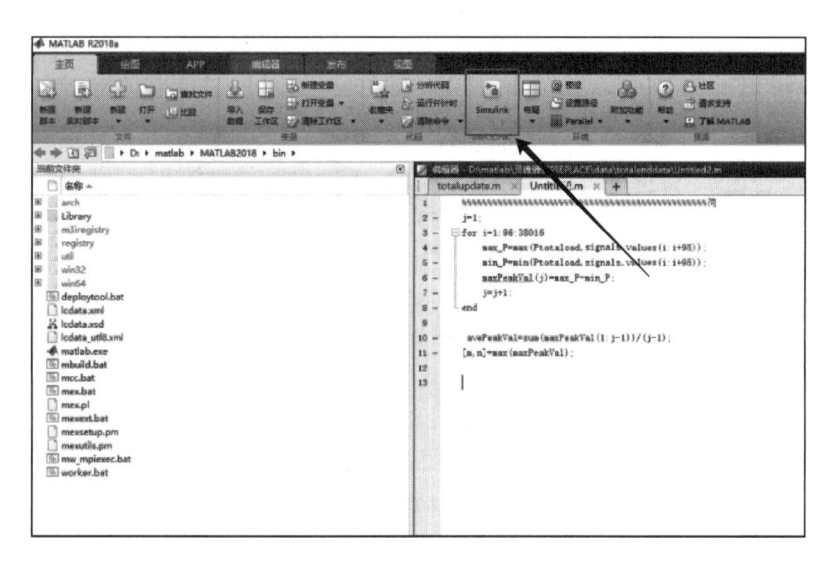

图 5.3.1 操作示意图

（2）进行前述操作之后会弹出如图 5.3.2 所示的界面，可进行新建空白模型（Blank Model）、空白库（Blank Library）等操作。

（3）选择新建空白模型，在该空白模型文件中进行搭建模型的基础配置。如图 5.3.3 所示，图中所示操作步骤的具体操作说明如下：

1）仿真停止时间，可以是具体数字 1、2、3…，也可是 inf 无穷时间。

2）仿真步长，选择定步长 Fixed－step。

3）仿真步长时间，通常电力系统步长可设置为 5e－5。步长必须是 powergui 采样频率的整数倍。也可根据实际情况设置。

4）求解器设置，通常选择固定求解器 ode3。

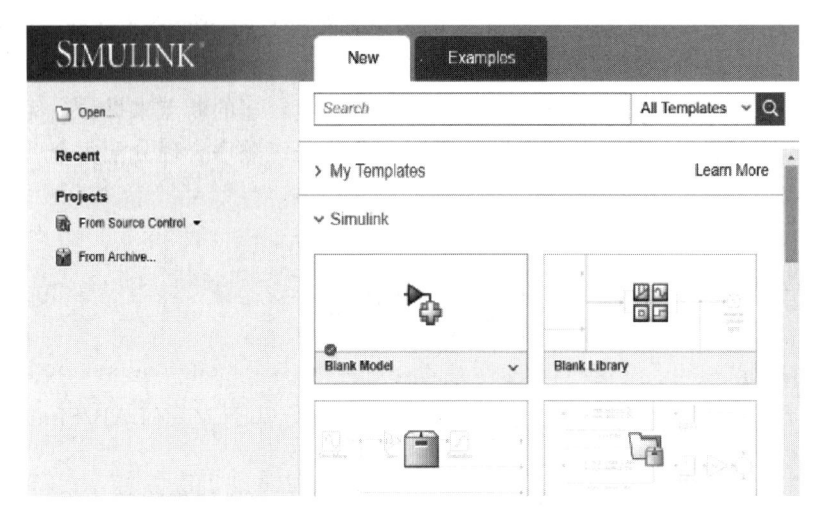

图 5.3.2　Simulink 文件新建功能界面

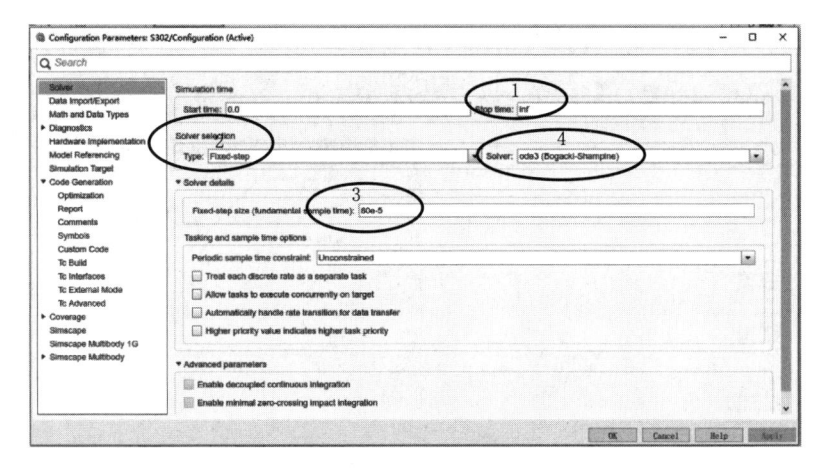

图 5.3.3　建模环境基础配置示意图

（4）完成上述操作之后，即可通过 Simulink 模型库中的电网设备进行模型搭建。如图 5.3.4 所示，在 Simulink Editor 工具栏上单击 Library Browser 按钮打开 Simulink Library Browser，Simulink 在 Library Browser 中提供了一系列按功能分类的模块库。

（5）在完成目标模型的搭建后，需要对所创建的模型文件进行保存。从 File 菜单中，选择 Save as 命令。在 File name 文本框中输入模型的名称，例如 simple_model。单击 Save 按钮。模型使用文件扩展名 .slx 进行保存。

5.3.2　模型转换

以丰浪 S302 线路的 Simulink 模型为例进行模型转换，具体操作步骤如下：

（1）需要对转出的模型进行命名。打开设置，单击菜单栏中的 Code Generation，然后单击二级菜单栏中的 Tc Build，更改图 5.3.5 中箭头 3 所指处的字符，如设置为 test（或者自定义名字），所定义的字符即为导出模型的名称。

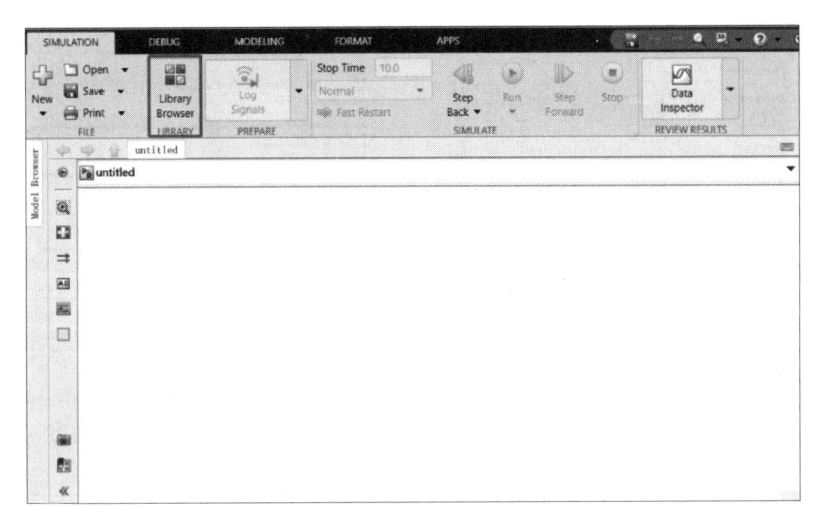

图 5.3.4　打开 Simulink 模型库

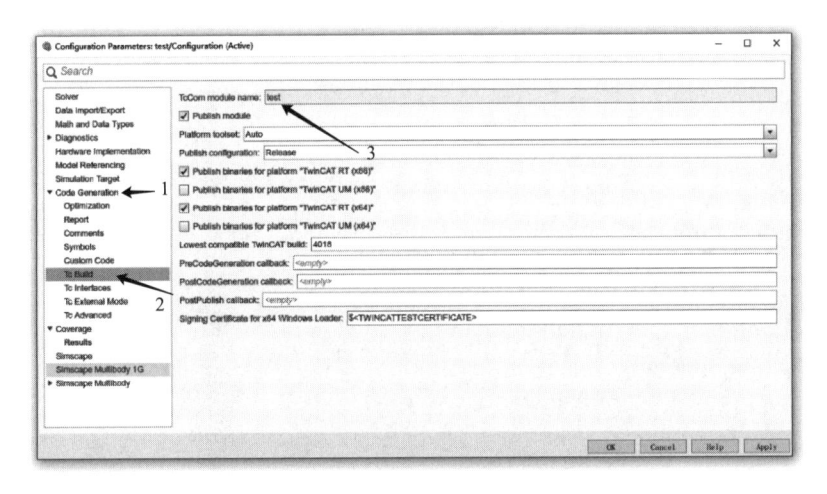

图 5.3.5　导出模型文件名设置

(2) 完成模型文件的命名之后，单击图 5.3.6 中的箭头所指按钮即可进行模型转换操作。

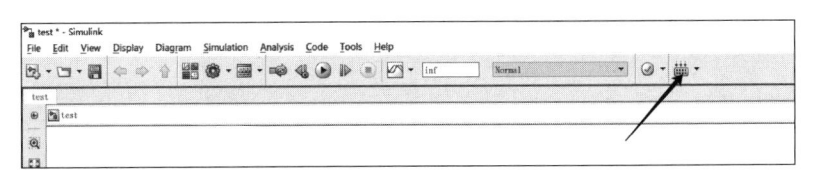

图 5.3.6　模型转换操作

(3) 单击后模型开始转换，单击图 5.3.7 中的箭头 1 可查看转换进度，箭头 2 处圆圈消失即代表转换完成。图 5.3.8 为模型转换成功的状态。

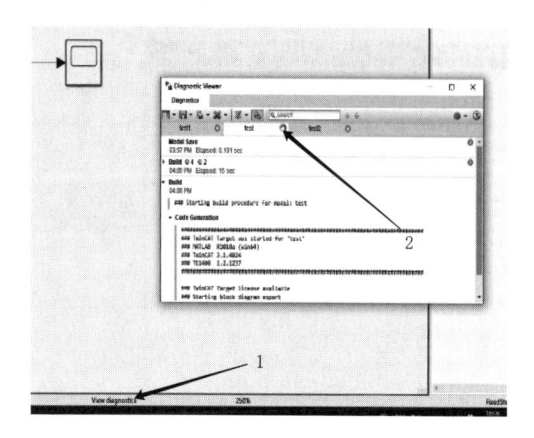

图 5.3.7　模型转换进度查询

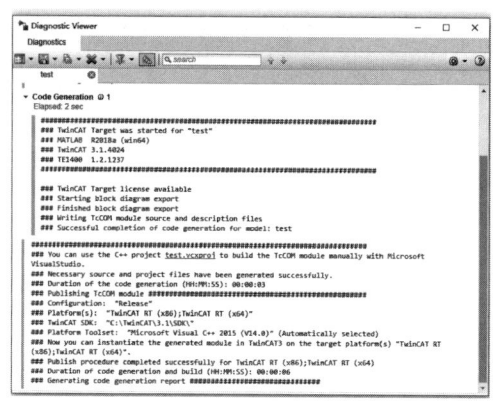

图 5.3.8　模型转换成功

第6章 仿真算法优化

随着新能源需求的增长和新能源的接入，电力系统规模不断扩大，电磁暂态过程更加复杂。电磁暂态仿真是电力系统规划、设计、运行和控制的重要手段，对于保障系统安全、稳定和经济运行具有重要意义。传统电磁暂态仿真方法计算量大、时间长，难以满足大规模电力系统实时仿真的需求，因此需要发展高效电磁暂态仿真技术。

描述电力系统暂态过程的数学模型中涉及非线性微分方程。这些微分方程一般不能得到解析解，只能通过数值积分得到离散时间的数值解。仿真需要采用一些优化算法，如梯度下降法、牛顿迭代法、节点分析法等，对电力系统进行分析和优化，以实现对电力系统的控制和调度。计算机不可能连续模拟暂态现象，只能在离散的时间点求解，得到指定时间点上的状态。逐点求解的方法导致了一步一步地累计误差，全电磁暂态仿真由于元件数量多、网络规模大，必须采用数值上非常稳定的算法。表6.0.1为几种典型算法的对比。

表 6.0.1 几种典型算法的对比

积分算法	步数	精度	是否为隐式	稳定性	计算量
隐式梯形法	1	2阶	是	A-稳定	一般
后退欧拉法	1	1阶	是	L-稳定	一般
Gear2	2	2阶	是	L-稳定	一般
Simpson	2	4阶	是	无绝对稳定域	一般
2S-DIRK	1	2阶	是	L-稳定	较大

6.1 电磁暂态算法简介

设常微分方程组：
$$y'(x) = f(x,y), x \in I$$
$$y(x_0) = y_0 \tag{6.1.1}$$

式中：I 为 x 定义域内的一个区间；x_0、y_0 为初值。

泰勒展开后：
$$y(x_i + \Delta x) = y(x_i) + \sum_{k=1}^{n} \frac{y^{(n)}(x_i)}{n!} \Delta x^n + O(\Delta x^{n+1}) \tag{6.1.2}$$

式中：n 为导数阶数；$y^{(n)}$ 为 $y(x_i)$ 的 n 阶导数；泰勒展开的误差余项 $O(\Delta x^{n+1})$ 是一个关于 Δx^{n+1} 的高阶无穷小量。

在第 $i+1$ 步，忽略高次项，采用第 i 步的一阶导数值，就得到欧拉积分公式：

$$y_{i+1}=y_i+hF(x_i,y_i) \tag{6.1.3}$$

式中：h 为积分步长，$x_{i+1}-x_i=h$。

如果导数采用第 $i+1$ 步导数值，迭代格式就是后退欧拉法的积分公式。

$$y_{i+1}=y_i=hf(x_{i+1},y_{i+1}) \tag{6.1.4}$$

欧拉法和后退欧拉法的差别就在于积分时采用哪一步的导数值。如果导数值取第 i 步导数和第 $i+1$ 步导数的平均值，就是梯形算法。

$$y_{i+1}=y_i+\frac{1}{2}h[f(x_i,y_i)+f(x_{i+1},y_{i+1})] \tag{6.1.5}$$

至于梯形算法中的第 $i+1$ 步导数，既可以通过迭代算法获得，也可以采用某种差分计算格式直接求解获得（隐式梯形法）。

计算机不可能连续模拟暂态现象，只能在离散的时间点（步长 Δt）求解，得到指定时间点上的状态。逐点求解的方法导致了一步一步的累计误差，全电磁暂态仿真由于元件数量多、网络规模大，必须采用数值上非常稳定的算法。

自 Dommel 和 Sato 于 1972 年首次将梯形法应用于电力系统暂态过程的数值仿真计算后，梯形法在电力系统暂态稳定性分析计算中一直占主导地位。研究人员普遍认为隐式梯形法是 A-稳定的，具有很好的数值稳定性；它是 2 阶单步方法，计算过程比较简单。从 1972 年到现在，尽管已经过去多年，常微分方程初值问题的数值解法研究又取得了很多新的研究成果，但无论是在学术界还是在电力系统工程实际应用领域，梯形法仍然是应用最为普遍的数值积分方法，实际工程中大量使用的几种电磁暂态程序（EMTP/ATP/EMTP-RV/PSCAD/PSMOdel/ADPSS）基本都采用了这种算法，长期的工程实践也印证了这种算法的稳定性。

6.2 几种基本电磁暂态元件模型及网络解法

电磁暂态程序求解的网络，可以理解为由电阻、电感、电容、线路、发电机、电力电子设备或其他元件任意构成。以图 6.2.1 为例，对于节点 1 附近的网络，有节点 2、节点 3、节点 4 和节点 5 与之相连，按照计算机求解微分代数方程组的思路，假设 0、Δt、$2\Delta t$ 直至 $t-\Delta t$ 时刻的电压和电流都已经算出，现在需要求解 t 时刻的值。

因为需要满足基尔霍夫电流定律（KCL），任一时刻，从节点 1 经各支路流向其他节点的电流值都必须等于注入的电流 i_1，即

$$i_{12}(t)+i_{13}(t)+i_{14}(t)+i_{15}(t)=i_1(t) \tag{6.2.1}$$

支路 12 为简单的电阻支路，采用简单的代数方程：

$$\frac{1}{R}u_1(t)-\frac{1}{R}u_2(t)=i_{12}(t) \tag{6.2.2}$$

式中：$u_1(t)$、$u_2(t)$ 为节点 1 和节点 2 的电压。

而支路 13 为电感器件，电感值为 L，其两端电压 u_L 和流过的电流 i_L 必须满足微分方程式：

$$u_L=L\frac{\mathrm{d}i_L}{\mathrm{d}t} \tag{6.2.3}$$

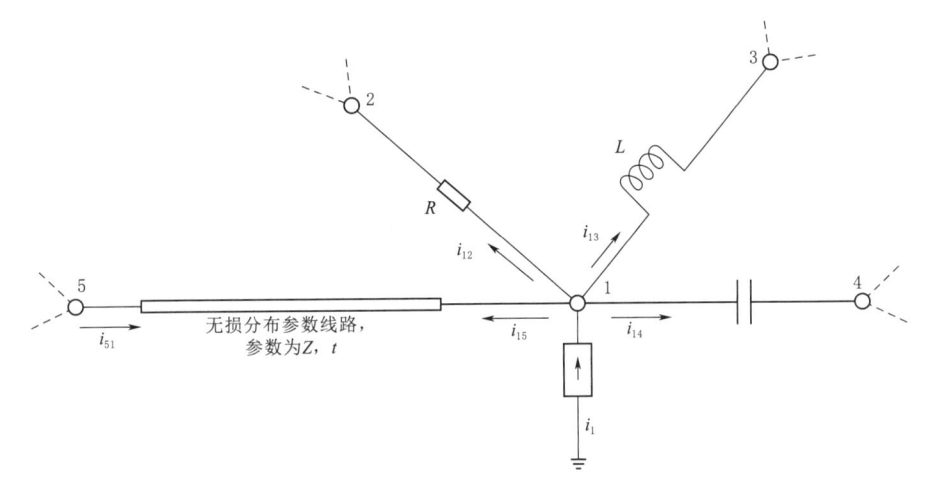

图 6.2.1 节点 1 附近的网络示意图

可以采用隐式梯形法在 t 时刻进行差分化，并在算法上进行一定的改动：

$$\frac{\mathrm{d}i_L}{\mathrm{d}t}=\frac{1}{L}u_L$$

$$\frac{i_L(t)-i_L(t-\Delta t)}{\Delta t}=\frac{1}{2L}[(1+\alpha)u_L(t)+(1-\alpha)u_L(t-\Delta t)] \tag{6.2.4}$$

式中：α 为系数，系数 α 在 0 和 1 之间切换，积分格式也就在后退欧拉法和隐式梯形积分之间灵活切换；α 取值为 0~1 时，有时被称为阻尼梯形算法，这种算法并不能彻底消除数值振荡，只能得到一些缓解。

如果表示成导纳矩阵的形式，进一步简化变形为

$$i_L=\frac{\Delta t(1+\alpha)}{2L}u_L(t)+hist_L(t-\Delta t) \tag{6.2.5}$$

式中：$hist_L(t-\Delta t)=i_L(t-\Delta t)+\frac{\Delta t(1-\alpha)}{2L}u_L(t-\Delta t)$，为上一步对本步的影响。

如果代入图 6.2.1 中的支路 13，表示成与前面一致的支路导纳方程的形式：

$$\frac{\Delta t(1-\alpha)}{2L}u_1(t)-\frac{\Delta t(1-\alpha)}{2L}u_3(t)+hist_L(t-\Delta t)=i_{13}(t) \tag{6.2.6}$$

式中：

$$hist_L(t-\Delta t)=hist_{13}(t-\Delta t)=i_{13}(t-\Delta t)+\frac{\Delta t(1-\alpha)}{2L}[u_1(t-\Delta t)-u_3(t-\Delta t)] \tag{6.2.7}$$

支路 14 为电容器件，必须满足微分方程式：

$$i_C=C\frac{\mathrm{d}u_C}{\mathrm{d}t} \tag{6.2.8}$$

用同样的推导过程差分化以后，表示成支路导纳方程的形式：

$$\frac{2C}{\Delta t(1+\alpha)}u_1(t)-\frac{2C}{\Delta t(1+\alpha)}u_4(t)+hist_C(t-\Delta t)=i_{14}(t) \tag{6.2.9}$$

式中：
$$hist_C(t-\Delta t) = hist_{14}(t-\Delta t)$$
$$= -\frac{1-\alpha}{1+\alpha}i_{14}(t-\Delta t) - \frac{2C}{\Delta t(1+\alpha)}[u_1(t-\Delta t) - u_4(t-\Delta t)]$$
(6.2.10)

支路 15 为传输线，忽略损耗后，可以采用波动方程表示：
$$-\frac{\partial u}{\partial x} = L'\frac{\partial i}{\partial t}$$
$$-\frac{\partial i}{\partial x} = C'\frac{\partial u}{\partial t}$$
(6.2.11)

式中：L' 和 C' 为线路单位长度的电感和电容，设定 x 为两端的距离，这个波动方程的解为
$$i = F(x-ct) - f(x+ct)$$
$$u = ZF(x-ct) + Zf(x+ct)$$
(6.2.12)

式中：$F(x-ct)$ 和 $f(x+ct)$ 为用 $x-ct$ 和 $x+ct$ 表示的函数（时间/距离），c 为波的传播速度（常数）；Z 为波阻抗，$Z=\sqrt{L'/C'}$（常数）。

如果支路 15 传输线的长度为 l，一个波沿线路以波速 c 前进，那么波在两端之间的传播时间为 $\tau=l/c$。

通过差分化，可以将支路 15 的电流表示为
$$\frac{1}{Z}u_1(t) + hist_{15}(t-\tau) = i_{15}(t)$$
(6.2.13)

式中：
$$hist_{15}(t-\tau) = -\frac{1}{Z}u[(t-\tau) - i_{15}(t-\tau)]$$
(6.2.14)

合并节点 1 的这几条支路，就可以得到节点 1 的节点电压方程式：
$$\left[\frac{1}{R} + \frac{\Delta t(1+\alpha)}{2L} + \frac{2C}{\Delta t(1+\alpha)} + \frac{1}{Z}\right]u_1(t) - \frac{1}{R}u_2(t) - \frac{\Delta t(1+\alpha)}{2L}u_3(t) - \frac{2C}{\Delta t(1+\alpha)}u_4(t)$$
$$= i_1(t) - hist_{13}(t-\Delta t) - hist_{14}(t-\Delta t) - hist_{15}(t-\tau)$$
(6.2.15)

这里可以看到，该方程式的构成如下：

(1) $\frac{1}{R}$、$\frac{\Delta t(1+\alpha)}{2L}$、$\frac{2C}{\Delta t(1+\alpha)}$ 都是支路导纳，在节点 1 的自导纳和其他与之相连节点的互导纳中都有体现。

(2) $i_1(t)$ 为节点 1 自身的注入电流，注入节点 1 为电流的正方向。

(3) $hist_{13}(t-\tau)$、$hist_{14}(t-\tau)$ 为电感电容支路的上一步的历史电流，支路电流为流出节点 2，因此在方程式中取负值。

(4) Z 是波阻抗，与线路参数有关，与 Z 相关联的项只有本地电压，与对侧电压无关（只有自导纳，无互导纳）；$hist_{15}(t-\tau)$ 为传输线由于波传导过程产生的延时，体现在方程的右端项中，必须满足 $\tau > \Delta t$（仿真步长必须小于传输线的延时）。

(5) 从支路 5 的波阻抗和波传播的历史值可以看出，节点 1 和节点 5 的计算是解耦

的，可以独立计算，计算 t 时刻时，只需要用到对侧 $t-\tau$ 时刻的电流值，这个特性用于各个网的并行计算，只需要满足传输线的延时超过仿真步长就可以实现大网的自然分割与并行仿真。

对于 n 个节点的电网，写出 n 个上述的方程后，可以得到整个网络的节点导纳方程式的矩阵形式：

$$Gu(t)=i(t)-hist \tag{6.2.16}$$

式中：G 为节点导纳方程，$n\times n$ 阶；$u(t)$ 为节点电压向量，$n\times 1$ 阶；$i(t)$ 为节点电流源向量，$n\times 1$ 阶；$hist$ 为各支路历史电流向量，$n\times 1$ 阶。

以上通过一个简单的例子，阐述了电磁暂态仿真中常用的元件的差分化方法以及如何转换为节点导纳方程来求解整个网络的电压，满足微分方程解法以及基尔霍夫电流定律和基尔霍夫电压定律的要求。

6.3 隐式梯形积分算法

隐式梯形积分算法是电磁暂态仿真中常用的一种数值积分方法，主要用于求解电磁暂态过程中的代数或微分、偏微分方程。在实际应用中，用户可以根据具体问题的需求，在 MATLAB 中编写自定义的隐式梯形积分算法函数。例如，在电磁暂态仿真、电力系统分析等领域，隐式梯形积分算法常用于求解包含电感、电容等储能元件的电路模型。用户可以通过 MATLAB 编写相应的仿真程序，利用隐式梯形积分算法求解电路的动态响应。

6.3.1 算法基本原理

隐式梯形积分算法作为梯形积分算法的一种改进算法，它使用更精确的数学模型来近似曲线下的面积，从而提高积分计算的准确性和稳定性。其基本原理是将积分区间等分，然后在每个小区间内采用梯形法则进行计算。隐式梯形积分算法在处理电磁暂态问题时，能够有效地模拟电路或系统中各元件在暂态过程中的行为。其计算步骤如下：

(1) 区间划分。首先，将需要积分的区间 $[a,b]$ 等分为 n 个小区间，每个小区间的长度为 $h=(b-a)/n$。

假设每个小区间的起点分别为 $x0,x1,\cdots,xn-1$，终点则为 $xi+1$ ($i=0,1,\cdots,n-1$)。

(2) 曲线近似。对于每个小区间 $[xi,xi+1]$，隐式梯形积分算法将其内部的曲线近似为通过两个端点 $(xi,f(xi))$ 和 $(xi+1,f(xi+1))$ 的连线。

这种近似方法基于梯形法则，但与传统梯形积分算法不同的是，隐式梯形积分算法在计算过程中会涉及当前时间步的未知量，需要通过迭代或其他数值方法求解。

(3) 面积计算。根据梯形的面积公式，每个小区间的面积可以表示为 $\Delta Ai=(h/2)*[f(xi)+f(xi+1)]$。

注意，这里的 $f(xi+1)$ 可能是一个未知量，因为隐式梯形积分算法在处理过程中会涉及未来时间点的信息。

(4) 累加求和。将所有小区间的面积 ΔAi 相加，即可得到整个积分区间 $[a,b]$ 内的面积近似值：$S\approx \sum \Delta Ai=(h/2)\times [f(x0)+2f(x1)+2f(x2)+\cdots +2f(xn-1)+$

$f(xn)]$。

由于 $f(xi+1)$ 可能是未知的，因此在实际计算中需要通过迭代或其他数值方法求解整个方程组。

6.3.2 算法特点

隐式梯形积分算法具有如下特点：

(1) 高精度。相较于一些简单的显式积分方法（如前向欧拉法），隐式梯形积分算法在每个积分步长内使用了两个端点的信息来近似曲线下的面积，这种梯形近似方式更加接近真实曲线的形状，因此能够提供更高的积分精度。在电磁暂态仿真中，高精度的积分算法对于准确模拟系统的瞬态响应和波形特征至关重要。

(2) 高稳定性。隐式梯形积分算法在处理具有快速变化特性的电磁系统时，展现出极高的稳定性。这是因为它在求解过程中考虑了未来时间步的信息，从而能够更好地捕捉系统的动态行为，避免数值振荡和发散现象。这种稳定性对于保证仿真结果的准确性和可靠性至关重要。

(3) 隐式求解。隐式梯形积分算法的最大特点在于其隐式性。在求解过程中，当前时间步的未知量会出现在等式中，需要通过迭代或其他数值方法求解。这种隐式求解方式虽然增加了计算复杂度，但能够显著提高算法的稳定性，特别是在处理刚性系统时。

(4) 适用范围广。隐式梯形积分算法不仅适用于线性系统，也适用于非线性系统。在电磁暂态仿真中，许多元件（如电感、电容、非线性电阻等）都表现出非线性特性，隐式梯形积分算法能够有效地处理这些非线性因素，确保仿真结果的准确性。

(5) 易于实现并行计算。隐式梯形积分算法在求解过程中，每个时间步的迭代计算可以相对独立地进行，这使得它易于实现并行计算。通过并行计算，可以显著提高仿真速度，缩短仿真周期，对于大规模电磁系统的仿真尤为重要。

(6) 需要迭代求解。由于隐式梯形积分算法是隐式的，因此在求解过程中需要进行迭代计算。迭代计算的收敛性和收敛速度将直接影响算法的效率和稳定性。因此，在实际应用中需要选择合适的迭代方法和迭代参数，以确保算法的快速收敛和稳定求解。

(7) 计算复杂度较高。与显式积分算法相比，隐式梯形积分算法的计算复杂度较高。这主要是因为隐式求解过程中需要进行迭代计算，并且每次迭代都需要求解一个线性或非线性方程组。然而，这种计算复杂度的增加是换取更高稳定性和精度的必要代价。

6.4 向前欧拉算法

MATLAB 作为一种强大的数学计算和科学可视化软件，提供了丰富的数值计算方法和工具箱，其中就包括了用于求解常微分方程（ODE）的数值方法。向前欧拉算法作为求解 ODE 的一种基本且直观的数值方法，可以很容易地在 MATLAB 中实现和应用。用户可以通过编写 MATLAB 代码，利用向前欧拉算法求解特定的电磁暂态问题或其他领域的动态系统问题。

6.4.1 算法基本原理

电磁暂态向前欧拉算法（forward euler method，FEM）是电磁学领域中用于求解动态系统（如电路中的电流、电压变化）随时间演变的常微分方程（ODE）的一种数值方法。电磁暂态向前欧拉算法基于欧拉公式，这种方法基于泰勒级数展开的一阶近似，将连续的微分方程转化为离散的差分方程进行迭代求解。

（1）微分方程模型：

$$\frac{dy}{dt}=f(y,t,参数) \tag{6.4.1}$$

式中：y 是随时间 t 变化的物理量（如电压、电流、磁通等）；f 是一个已知的函数，它描述了 y 与其他物理量及参数之间的关系。

（2）向前欧拉算法的差分近似。

向前欧拉算法通过差分来近似微分方程中的导数项。具体来说，它假设在足够小的时间间隔 前欧拉内，函数 $y(t)$ 的变化可以用其斜率（即导数）在该时间间隔起点的值来近似。因此，有

$$\frac{dy}{dt}\approx\frac{y(t+\Delta t)-y(t)}{\Delta t} \tag{6.4.2}$$

令 $y_n=y(t_n)$ 表示 $t=t_n$ 时的 y 值，$y_{n+1}=y(t_n+\Delta t)$ 表示 $t=t_n+\Delta t$ 时的 y 值（即下一个时间步的预测值），则上式可写为

$$\frac{y_{n+1}-y_n}{\Delta t}\approx f(y_n,t_n,参数) \tag{6.4.3}$$

（3）迭代公式的构建。

解上述差分方程以求解 y_{n+1}，得

$$y_{n+1}=y_n+\Delta t \cdot f(y_n,t_n,参数) \tag{6.4.4}$$

这就是向前欧拉算法的迭代公式。它表明，我们可以从已知的 y_n 和 t_n，以及函数 f 在 (y_n,t_n) 处的值，来预测下一个时间点 $t_{n+1}=t_n+\Delta t$ 的 y_{n+1} 值。

（4）迭代求解过程。

给定初始条件 $y_0=y(t_0)$（即在初始时刻 t_0 的 y 值），我们可以使用迭代公式逐步计算后续时间点的函数值。具体来说，我们从 y_0 开始，使用迭代公式计算 y_1，然后再用 y_1 计算 y_2，以此类推，直到达到所需的模拟时间 t_{final}。

6.4.2 算法特点

向前欧拉算法具有以下特点：

（1）计算简单。由于其显式特性，向前欧拉算法的计算过程相对简单，只需要进行基本的代数运算，如乘法、加法和可能的函数求值。

（2）快速计算。由于其计算简单，向前欧拉算法非常适合于快速计算和初步估计。在需要快速得到解的大致范围或趋势时，向前欧拉算法是一个很好的选择。

（3）易于实现。向前欧拉算法的实现相对容易，不需要复杂的算法或数据结构，这使得它在许多实际项目中得到了广泛应用。

（4）稳定性较差。向前欧拉算法的一个主要缺点是其稳定性区域较小。对于一些刚性问题（即那些解在短时间内变化非常迅速的问题）或高频振荡系统，向前欧拉算法要求时间步长 Δt 非常小，以保持数值解的稳定性；否则，数值解可能会出现发散或不稳定的

现象。

(5) 精度较低。向前欧拉算法是一阶方法,其局部截断误差是 $O(\Delta t^2)$,而全局截断误差是 $O(\Delta t)$。这意味着在相同的时间步长下,向前欧拉算法的精度通常低于更高阶的方法,如龙格-库塔法(Runge-Kutta Method)。

(6) 非刚性问题。由于其简单性和高效性,向前欧拉算法适用于许多非刚性问题的快速数值求解。然而,在处理高频振荡和刚性问题时,其有限的稳定性区域和较低的精度使得它受到限制。

6.5 电磁暂态波形松弛算法

MATLAB作为一种高级的数学计算软件和编程语言,提供了丰富的工具箱和函数库,特别适用于科学计算、算法开发、数据分析以及可视化等领域。在电磁暂态仿真中,MATLAB可以作为一个强大的仿真平台,用于实现电磁暂态波形松弛算法。电磁暂态波形松弛算法算法具有很好的并行性,可以通过并行计算来加速仿真过程。MATLAB提供了并行计算工具箱(parallel computing toolbox,PCT),支持在多核处理器、GPU或计算机集群上进行并行计算。通过利用这些并行计算资源,可以显著提高电磁暂态仿真的效率。电磁暂态波形松弛算法已经成功应用于多个领域的电磁暂态仿真中,如电力系统、通信系统、雷达系统等。在电力系统中,该方法可以用于模拟大规模电网的暂态稳定性问题;在通信系统中,可以用于分析信号在传输过程中的电磁干扰问题;在雷达系统中,可以用于研究雷达波在复杂环境中的传播和反射特性。

6.5.1 算法基本原理

电磁暂态波形松弛算法(waveform relaxation method,WRM)是一种迭代求解方法,特别适用于处理大规模、复杂系统的电磁暂态仿真问题。电磁暂态波形松弛算法通过将整个系统分解成若干个子系统,然后迭代求解这些子系统之间的相互作用,从而实现对整个系统电磁暂态过程的模拟。下面是对电磁暂态波形松弛算法算法原理的详细介绍。

(1) 系统分解。将复杂的电磁系统分解成若干个相对简单的子系统。这些子系统可以是物理上相对独立的部分,也可以是逻辑上便于处理的部分。分解的目的是为了降低问题的复杂度,便于并行处理和迭代求解。

(2) 独立求解。在每个迭代步骤中,各个子系统独立地求解其内部的电磁暂态过程。由于子系统之间的相互作用是通过接口变量(如电流、电压等)来传递的,因此在求解过程中需要用到其他子系统在前一次迭代中提供的接口变量值作为"猜测值"。

(3) 接口变量更新。完成独立求解后,各个子系统之间交换接口变量的值。这些新的接口变量值将作为下一次迭代中各子系统求解的输入条件。

(4) 迭代收敛。重复上述独立求解和接口变量更新的过程,直到满足一定的收敛条件(如接口变量的变化量小于某个阈值)。此时,可以认为整个系统的电磁暂态过程已经得到了较为准确的模拟。

6.5.2 算法特点

电磁暂态波形松弛算法具有如下特点:

（1）并行性。由于子系统在迭代过程中是独立求解的，因此电磁暂态波形松弛算法具有很好的并行性。这意味着可以充分利用现代计算机的多核处理器和并行计算资源，通过并行计算来加速仿真过程。

（2）收敛性。虽然迭代求解过程可能受到系统规模、分解策略、迭代参数等多种因素的影响，但电磁暂态波形松弛算法通常能够逐步逼近系统的真实解。为了提高收敛速度，可以采取一些策略，如将整个时间区间分成数个时间段（称为窗口），在一个窗口收敛后再转入下一个窗口计算。

（3）灵活性。电磁暂态波形松弛算法允许对系统进行灵活的分解和组合，以适应不同的仿真需求和计算资源。同时，还可以根据仿真结果对分解策略进行调整，以优化仿真性能。

（4）可扩展性。随着计算机技术的不断发展和算法的不断优化，电磁暂态波形松弛算法可以应用于更大规模、更复杂的电磁系统仿真中。此外，该算法还可以与其他仿真方法或技术相结合，形成更加综合的仿真体系。

通过合理的系统分解和迭代求解策略，电磁暂态波形松弛算法能够在保证仿真精度的前提下，提高仿真效率。电磁暂态波形松弛算法具有并行性和灵活性等特点，因此能够显著提高仿真效率，特别是在处理大规模、复杂系统的电磁暂态仿真时，其优势更加明显。

6.6 阻尼梯形算法

6.6.1 算法基本原理

为了消除非原型的数值振荡，人们提出了许多解决方法，后退欧拉法就是一稳定性好，又不产生数值振荡的方法，但其缺点是精度较低。Brandwajn 和 Alvarado 等都介绍了一种针对梯形法的改进算法——阻尼梯形算法，用以解决数值振荡问题。阻尼梯形算法即为隐式梯形法和后退欧拉法的加权混合算法，其消除数值振荡的基本思想如图 6.6.1 所示；在每个电感元件旁并联一个大电阻 R_p，在每个电容元件上串联一个小电阻 R_p，由电感和电容元件的特点可知 R_p 将对高频分量进行衰减，而对低频分量影响较小。选定不同的 R_p 可以获得不同的衰减速度。

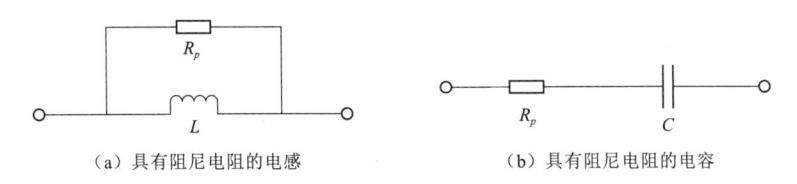

（a）具有阻尼电阻的电感　　　　（b）具有阻尼电阻的电容

图 6.6.1　阻尼梯形算法

以电感元件为例，其满足的微分方程为

$$u = L \frac{\mathrm{d}i}{\mathrm{d}t} \tag{6.6.1}$$

采用梯形法时，其电压满足的计算公式为

$$u(t)=\frac{2L}{\Delta t}[i(t)-i(t-\Delta t)]-u(t-\Delta t) \tag{6.6.2}$$

采用阻尼梯形算法，其电压满足的计算公式为

$$u(t)=\frac{1}{\frac{\Delta t}{2L}+\frac{1}{R_p}}[i(t)-i(t-\Delta t)]-\frac{R_p-\frac{2L}{\Delta t}}{R_p+\frac{2L}{\Delta t}}u(t-\Delta t) \tag{6.6.3}$$

定义阻尼因子 α 为

$$\alpha=\frac{R_p-\frac{2L}{\Delta t}}{R_p+\frac{2L}{\Delta t}} \tag{6.6.4}$$

只要满足 $\alpha<1$，即便是发生了数值振荡，也可以使振荡很快衰减至 0，数值振荡就可以得到抑制。不同的阻尼因子对应的计算公式精度不同。阻尼因子 α 可根据情况任意选取，α 增大，则振荡衰减加快，但精度随之降低；当 $\alpha=1$ 时，退化为后退欧拉法；当 $\alpha=0$ 时，即为阻尼梯形法。该方法可以有效地减轻振荡影响，但以牺牲精度作为代价，而且 α 的选取是凭经验估计试探的，不易确定最佳值，一般取 $\alpha=0.15$。

由于阻尼梯形算法是基于试验得出的方法，其中阻尼因子的选取完全凭经验估计、试探，且精度较低，故这种方法在数字仿真中的应用并不广泛。为了改进这种算法，必须对阻尼梯形算法在理论上加以研究和分析。如果能对其计算精度进行分析，并找出相应的改进算法以提高精度，则阻尼梯形算法不失为一种消除数值振荡的好算法。理论推导和实例计算都表明，修正后的阻尼梯形算法精度大大提高，其稳态误差都趋近于 0，这样就使得其抑制非原型数值振荡的优点突现出来，为阻尼梯形算法在仿真计算中的应用创造了条件。为实现跃变量计算，经查阅相关文献，文献还提出了修正的阻尼计算方法并做了适当的近似与简化，该方法保持了导纳矩阵不变，同时仍有较好的精度。因此，修正后的阻尼梯形算法不失为一种较好的算法，可以在电力系统数字仿真，特别是在消除非原型数值振荡方面发挥重要的作用。

6.6.2 算法特点

阻尼梯形算法具有如下特点：

（1）振荡衰减：阻尼因子 α 越大，数值振荡的衰减速度越快。这有助于在数值计算中快速消除不必要的振荡，提高计算结果的稳定性。

（2）精度与稳定性平衡：阻尼梯形算法的精度介于梯形法和后退欧拉法之间。通过调整阻尼因子 α，可以在保持一定精度的同时，提高数值计算的稳定性。然而，需要注意的是，随着 α 的增大，虽然振荡衰减加快，但精度可能会相应降低。

（3）经验估计：阻尼因子 α 的选取通常是根据经验来估计的。在实际应用中，一般取 $\alpha=0.15$ 作为默认值，但也可以根据具体情况进行调整。

（4）应用场景：阻尼梯形算法特别适用于电力系统机电暂态仿真、电磁暂态仿真等领域。在这些领域中，由于网络结构的变化、开关动作等因素，可能会产生非原型的数值振荡。阻尼梯形算法能够有效地抑制这些振荡，提高仿真结果的准确性。

6.7 临界阻尼算法

6.7.1 算法基本原理

电磁暂态程序 EMTP 使用临界阻尼（critical damp adjustment，CDA）算法来抑制数值振荡，其主要原理就是利用后退欧拉算法的优势——后退欧拉算法能避开非状态变量在突变时刻的值，从而不会产生数值振荡。其计算步骤如下：

(1) 在一般情况下仍然使用隐式梯形积分算法，其时间步长为 Δt。

(2) 若在 $t = t_2$ 时刻网络发生突变，采用后退欧拉法，其步长改为 $\Delta t/2$，共进行 2 次步长为 $\Delta t/2$ 的后退欧拉法积分计算。

(3) 在 $t_2 + \Delta t$ 后，继续采用隐式梯形积分算法计算，其步长恢复到 Δt。

研究表明，2 个半步长的后退欧拉算法基本可以消除数值振荡，而且，也必须经过 2 次后退欧拉法才能消除网络突变引起的数值振荡，主要原因如下：

1) 第 1 个半步长后退欧拉算法计算出了正确的状态变量，而非状态变量可能是一个冲击响应，并且在某些特殊算例中，需要根据这个非状态变量的冲击响应进行网络突变的判断和操作。

2) 第 2 个半步长后退欧拉算法才是真正消除数值振荡的有效步骤。

最初在进行临界阻尼算法研究时，研究人员认为第 1 个半步长后退欧拉算法的作用只是为第 2 个半步长后退欧拉算法提供初值，其本身没有物理意义，因此在第 1 个半步长后退欧拉算法结束时不进行网络突变判断，而将它留到整数步长时刻进行判断。后来才发现这个观点是错误的，第 1 个半步长后退欧拉算法的结果反映了瞬变过程的冲激信号特性，其物理意义十分明显，结果不可忽略，必须进行网络突变的判断和操作。中国电力科学研究院林集明教授等在其开发的电磁暂态程序 EMTPE 中，应用该思路改进了电磁暂态程序，并将这种改进后的能反映冲激信号特性的临界阻尼算法称为改进的临界阻尼算法。临界阻尼算法（包括 ICDA 法）既保留了隐式梯形积分算法精度高、稳定性好、编程简单的优点，又能消除数值振荡，已经作为 EMTPE 和 EMTP-RV 默认使用的算法。

6.7.2 算法特点

临界阻尼算法具有以下特点：

(1) 振荡抑制：临界阻尼算法的核心特点之一是能够有效抑制系统的振荡行为。通过调整阻尼参数，使系统达到临界阻尼状态，可以显著减少或消除系统的振荡，从而使系统的响应更加平稳和可控。

(2) 快速响应：在临界阻尼状态下，系统的响应速度相对较快。这意味着系统能够更快地达到稳定状态，从而提高了系统的动态性能。

(3) 稳定性增强：临界阻尼算法通过增加系统的阻尼，提高了系统的稳定性。这有助于防止系统因外部扰动或内部变化而产生不稳定的行为。

(4) 参数敏感性：临界阻尼算法对阻尼参数的敏感性较高。微小的参数变化可能导致系统从临界阻尼状态转变为过阻尼或欠阻尼状态，从而影响系统的响应特性。因此，在实际应用中需要精确调整阻尼参数以达到最佳效果。

(5) 适用范围：临界阻尼算法适用于各种需要抑制振荡和增强稳定性的系统，如机械系统、电子系统、控制系统等。然而，对于某些特定类型的系统（如强非线性系统），临界阻尼算法的适用性可能受到限制。

(6) 应用场景：临界阻尼算法在多个领域得到了广泛应用。例如，在机械工程中，通过调整减震器的阻尼参数，可以使机械设备在运行时更加平稳，减少振动和噪声；在电子工程中，通过优化电路的阻尼特性，可以提高电路的稳定性和抗干扰能力；在控制系统中，通过设计合适的控制器参数，可以使系统快速响应并保持稳定。

6.8 电力仿真中遇到的问题

在电力系统的电磁暂态实时仿真中，需要对大量的电力电子设备进行建模仿真，如 12 脉动换流桥、多电平换流桥、2 电平/3 电平 VSC 等。这些电力电子设备中存在大量的开关器件，如二极管、晶闸管、IGBT 等，它们的导通和关断将引起网络拓扑结构的变化，在使用 EMTP 类的隐式梯形算法求解时则需要从整体算法、步长、状态以及网络方程等多方面做出相应的调整。

1. 准确开关动作时刻的确定

电磁暂态仿真，尤其是现代电力系统仿真包含了大量开关器件，这些开关的开通和关断并不一定在固定间隔的时间点上，因此，EMTP 类的固定步长算法不能准确地描述这些开关过程。

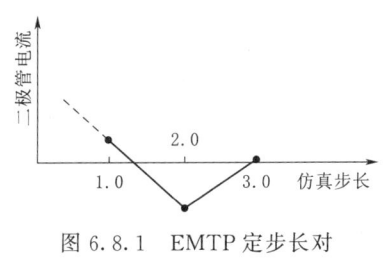

下面以关断一个二极管（或晶闸管）为例，来说明 EMTP 定步长仿真中对开关动作的处理。如图 6.8.1 所示，假设步长 $\Delta t = 1.0$，当采用定步长仿真且不使用插值法时，程序的处理步骤如下：

图 6.8.1 EMTP 定步长对开关动作的处理

(1) 在整数步长时刻 1.0 时，程序计算得到二极管的电流为正，二极管导通；在整数步长时刻 2.0 时，程序计算得到二极管的电流为负（而实际的动作时刻应该在非整数步长时刻 1.2 附近）。

(2) 二极管电流过零这个信息直到下一个整仿真步长时刻 3.0 仿真步长才被处理，将二极管关断，此时网络结构改变，重新形成导纳矩阵并将其三角化。由此可见，二极管电流实际上是在第一个仿真步长和第二个仿真步长之间的时刻 1.2 仿真步长处过零并关断的。二极管在程序中的关断时刻 3.0 仿真步长与实际关断时刻 1.2 的误差为 18 个仿真步长（如果仿真步长采用 50ms，相当于 1.62°电角度）。这种误差会导致以下的负面影响：①网络中开关的状态错误，导致网络和控制器求解错误；②由于各个开关器件之间存在动作的关联性，一个开关的误动作会引起其他一系列开关无法正确动作；③由于不能在准确过零点动作，电流或电压出现冲击，引起控制系统误动或非典型谐波。

尤其在直流系统仿真中，由于需要通过直流电流来判断过零时刻求取熄弧角，准确的过零点显得尤为重要，过零时刻的误差很可能导致对是否发生换相失败产生完全不一致的结果。

由于这一误差是由固定步长引起的，可以通过调整步长来解决这一问题，调整步长的方法主要有如下两种：

1) 减小仿真步长。显然，仿真步长越小，开关时刻出现在两个离散时间点之间导致的误差就越小，但增加了计算机的计算量。而且，由于受到仿真实时性的约束，仿真步长不可能无限减小，即存在一个下界。即使取许可的最小步长这一误差仍然存在，且未必能达到准确性的要求。

2) 可控仿真步长。可以用一个步长控制算法在仿真过程中动态地调整步长。这虽然比直接减小整个仿真过程中的步长的计算量小，但增加了算法的复杂程度，而且也受到实时性的约束，准确性未必能够得到保证。

2. 数值振荡问题

在进行电力系统电磁暂态仿真时，应用梯形法则将时间离散化时易于产生数值振荡。由于开关和器械动作，网络结构变化，如含有电感的电路直接断开、电力电子设备的导通与截止等，非状态变量在事件发生后在真解附近不正常地摆动，这是电磁暂态仿真中的数值振荡现象。例如，开关断开电感支路电流时，电感两端电压会围绕正确值数值振荡；同样，当某一电压源通过开关向电容器突然充电时，电容器电流也会呈现类似的数值振荡现象；此外，在非线性电感的工作状态发生变化（如从饱和区至不饱和区，或者相反）时也会出现数值振荡现象。

电力系统仿真中的数值振荡问题通常有三类：第一类是开关器械动作、网络结构变化引起的非状态变量（如电感元件的电压、电容元件的电流等）的不正常摆动；第二类是控制系统和主系统之间的一步时滞引起的数值不稳定；第三类是在仿真控制系统时，如果限幅器处理不当，也会发生数值不稳定现象。

3. 同步开关问题

同步开关是指在仿真过程的某个时刻有多个开关动作的情况，它通常表现为由一个开关动作面引起的连锁反应。在电力电子装置中，有许多电力电子设备的关断和闭合互为因果关系，例如，GTO 的关断造成其他电力电子设备如二极管的闭合；再如，在 Buck 电路，当 IGBT 在电感电流不为 0 的时刻关断时，为了保证电感电流连续，二极管应在 IGBT 关断的瞬间导通等，它们虽为因果关系，但实际上在同一瞬间完成，因此应把它们看成同一瞬间的行为。研究表明，在存在同步开关的情况下，必须在同步开关动作时刻对系统重新进行初始化才能得到正确的结果。

4. 多重开关

仿真时，在一个步长内的不同时刻会出现多次开关动作，这样的情况称为多重开关 (Multiple Switching)。多重开关的出现取决于以下因素：①电力电子设备的开关频率；②电力电子子系统的复杂性；；③仿真步长。一般来说，当电力电子设备的开关频率和仿真步长的数量级相差不大，且系统越复杂时，在一个仿真步长内可能动作的开关就越多。对于较复杂的电力电子电路而言，出现多重开关的情况不可避免。理论上，可以通过减小仿真步长消除多重开关现象，实际应用中则要求算法在步长变化时具有较强的稳定性。

第7章 仿真实时控制

RT1000 系列数字实时仿真系统是大规模电力系统仿真的专业解决方案。RT1000 系列数字实时仿真装置解决了全电磁暂态仿真计算效率低、仿真规模受限和建模过程烦琐、仿真平台建设成本高昂等问题，在 50 微秒步长下电磁暂态实时仿真计算规模可达数千到数十万个三相节点，可为"以新能源为主体的新型电力系统"构建提供强有力的仿真技术支撑。

首创"分布式计算分布式建模"系统级数字实时仿真系统——RT1000。RT1000 的并行处理技术和专门的硬件设计保证了可以在电磁暂态时间尺度上完成大规模电力系统的快速仿真运行以及实时仿真运行。

7.1 新建实时仿真项目

如图 7.1.1 所示，右击 TwinCAT 软件图表可以打开仿真软件。

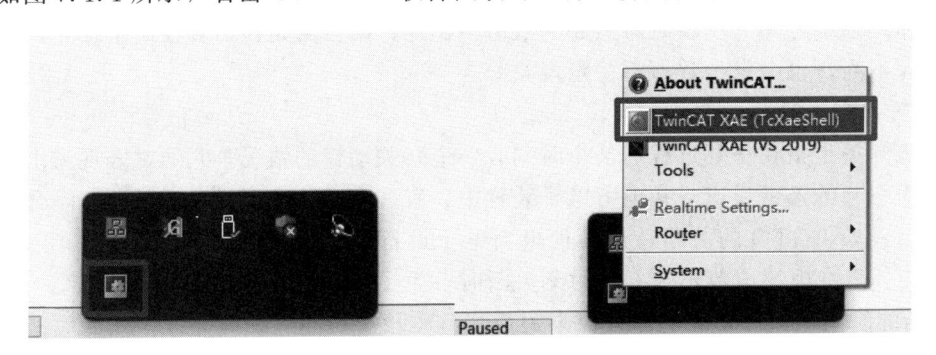

图 7.1.1 打开仿真软件

如图 7.1.2 所示，在弹出的页面中可以自定义名称、位置以及解决方案名称。

单击 System 弹出的对话框显示目标内核的实时状态，如图 7.1.3 所示。如果目标内核前图标为绿色；表示此台仿真内核在运行中；蓝色图标的仿真内核可以使用；黄色问号表示通信错误，需要重新添加通信路由。

运行实时仿真前首先需要以下两个基础配置：

1）添加路由（只需要添加一次，除非黄色问号通信错误，需要重新添加路由），如图 7.1.3 所示，单击 System - Choose Target - Search（Ethernet）。随后，在弹出的页面按照图 7.1.4 中勾选，最后单击 Broadcast Search，单击需要添加通信路由的仿真内核，单击 Add Route 按钮。

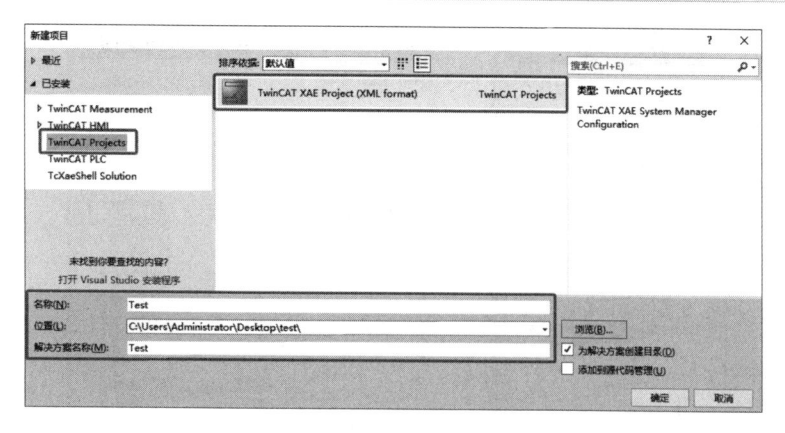

图 7.1.2 创建解决方法名称及相关设置

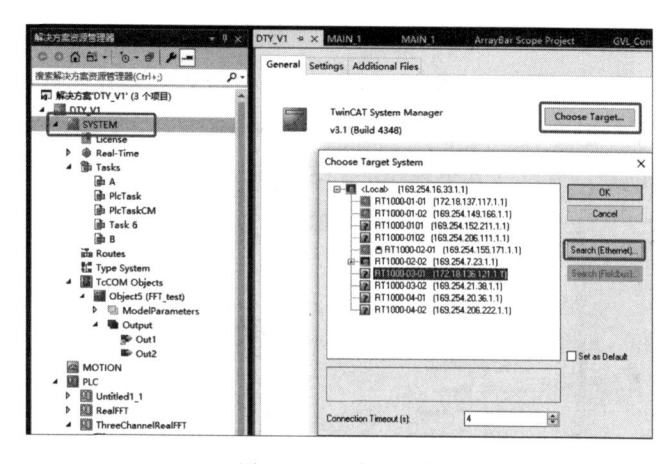

图 7.1.3 路由搜索

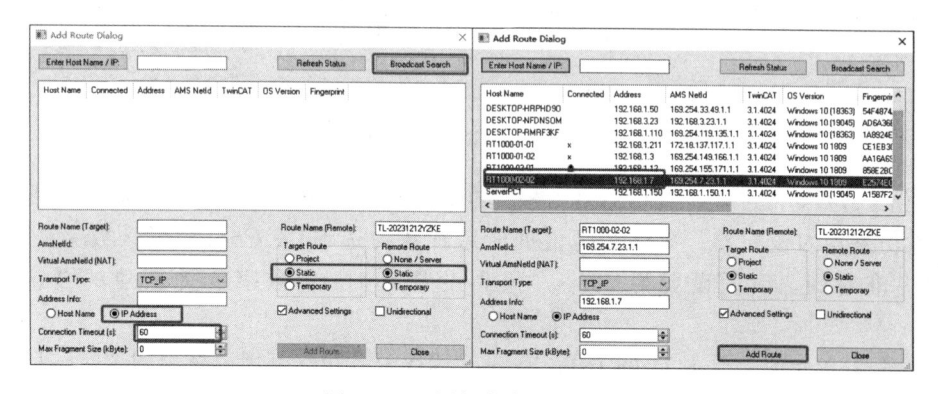

图 7.1.4 添加仿真内核路由

2) 选择仿真需要的目标内核。如图 7.1.5 所示，依次单击 System、Choose Target，然后选中需要使用的目标内核，单击 OK 按钮即可完成设定。

完成上述的基础配置步骤之后，可进行加载模型，配置 Task 以及分配 Task 操作。

如图 7.1.6 左图所示进行加载模型操作。首先，打开 SYSTEM，右击 TcCOM Ob-

105

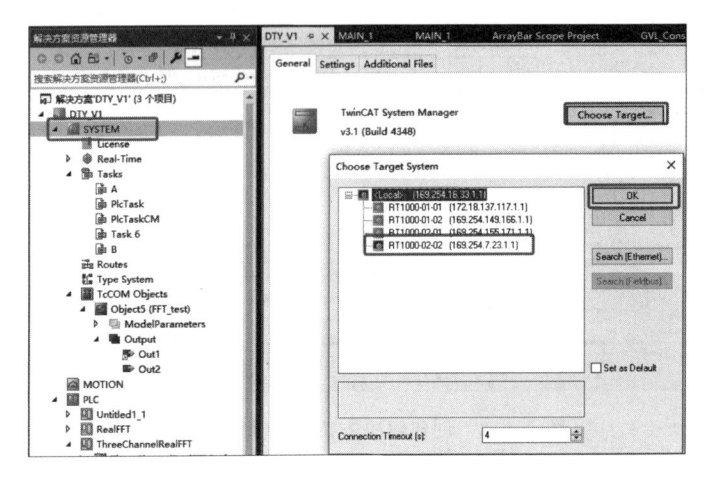

图 7.1.5　选择仿真目标内核

jects，选择"添加新项"。系统弹出图 7.1.6 右图所示窗口，选择需要加载的模型后，单击 OK 按钮完成操作。模型添加完毕之后可以发现 Simulink 定义的输入/输出接口出现在 Input 和 Output 的位置，可以与其他模型、PLC 程序或者硬件 IO 进行连接。

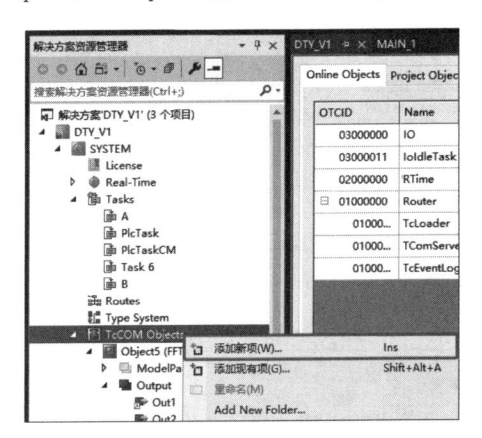

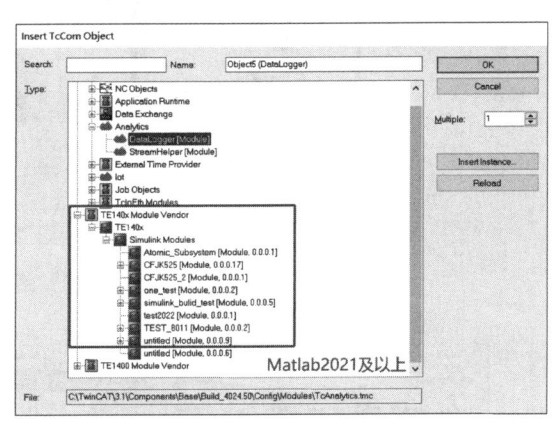

图 7.1.6　加载模型操作

按照图 7.1.7 可进一步进行仿真内核基准时间设置。数字 1 是需要单击的栏目；数字 2 是读取仿真器内核配置；数字 3 是根据所用核数勾选 RT-Core 数量；数字 4 设置该 Core 的基准时间，最低设置为 50ms，最高设置为 1ms；数字 5 为新建的 Task 分配 RT-Core。

如图 7.1.8 所示，单击 Read from Target 读取 RT1000 可用内核的配置。

如图 7.1.9 所示，勾选激活实时内核（Core0-Core15 可选）。

如图 7.1.10 所示，设置每个激活内核的 Base Time，此处设置为最小 50ms。

如图 7.1.11 所示，右击 Tasks，选择"添加新项"，新建两个 Task。

如图 7.1.12 所示，将新建的 Task 放到每个实时仿真内核中。Task7 放到 Core1；Task8 放到 Core2（Core0 优先用于系统运行以及数据通信）。

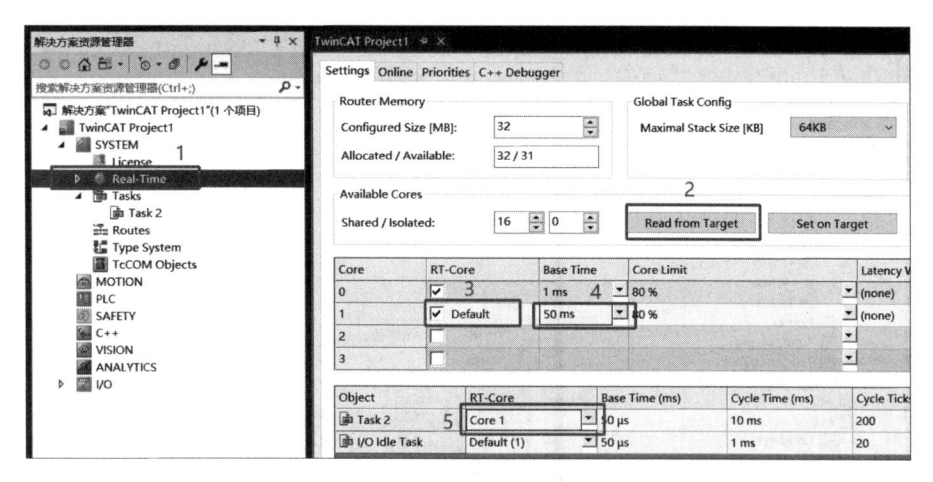

图 7.1.7　基准时间设置

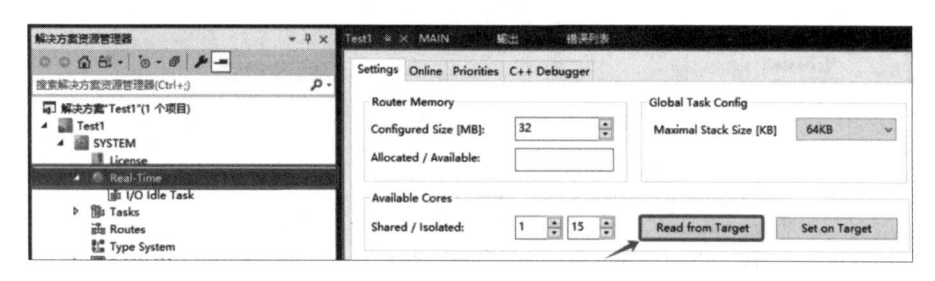

图 7.1.8　读取可用内核

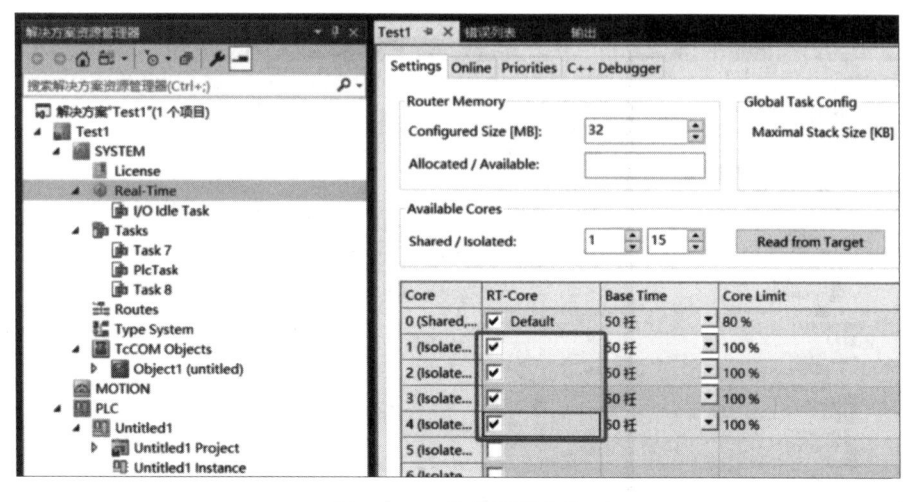

图 7.1.9　选择所用内核

如图 7.1.13 所示，设置每个 Task 的 Cycle Time。Cycle Time 为模型运行的步长，与 Simulink 模型保持一致。Task7 的 Cycle ticks 设置为 1，Cycle Time 则为 0.050ms（第一步设置的 Base Time 设置的是 0.050ms），Task8 的设置相同。

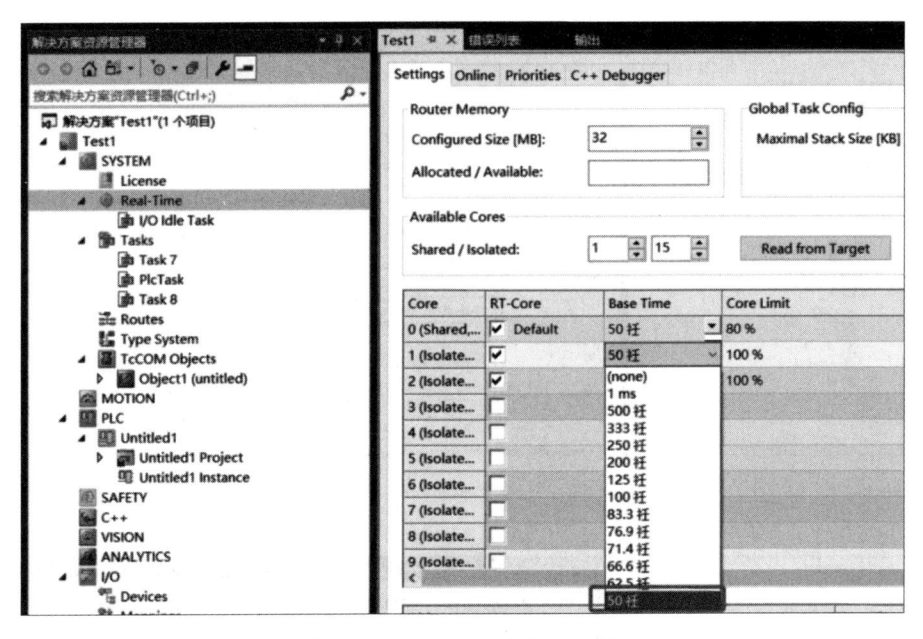

图 7.1.10　设置内核基准时间

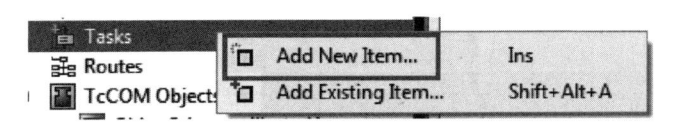

图 7.1.11　新建 Task

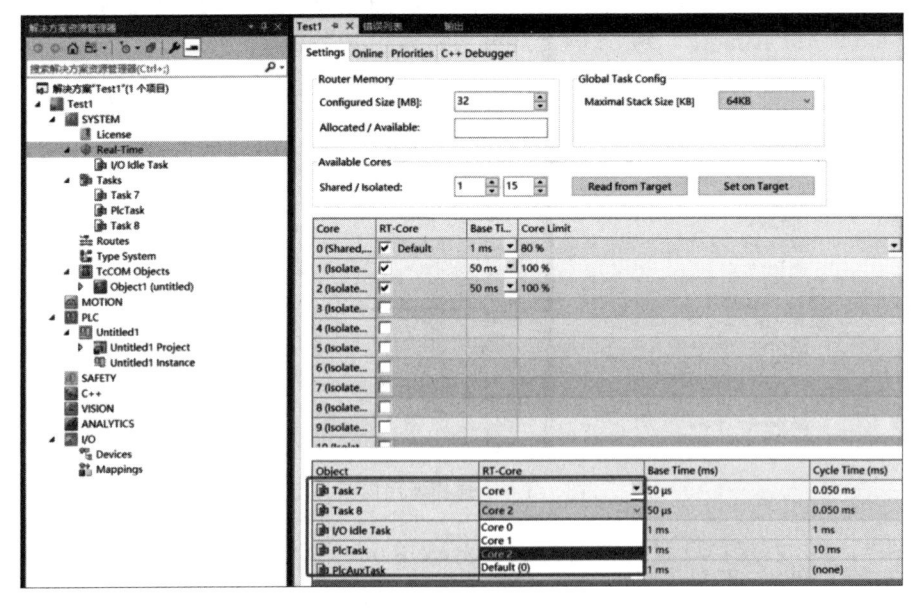

图 7.1.12　Task 分配到仿真内核

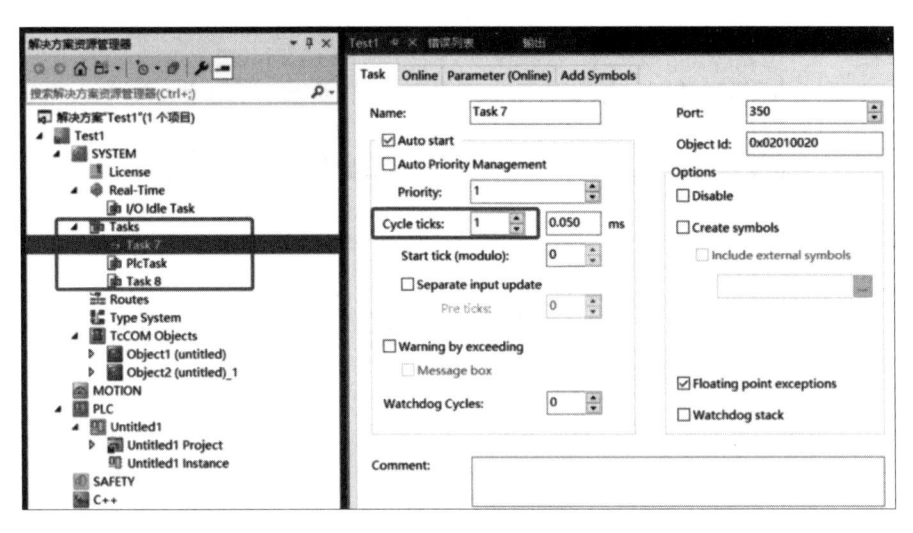

图 7.1.13　设置 Task 周期

参照图 7.1.9 的步骤进行 Task 分配操作。如图 7.1.14 所示选中模型，单击 Context，选择 Task 7 分配给模型 Object1（untitled），Task 8 分配给模型 Object1（untitled）_1。依次完成所有 Task 的设置。

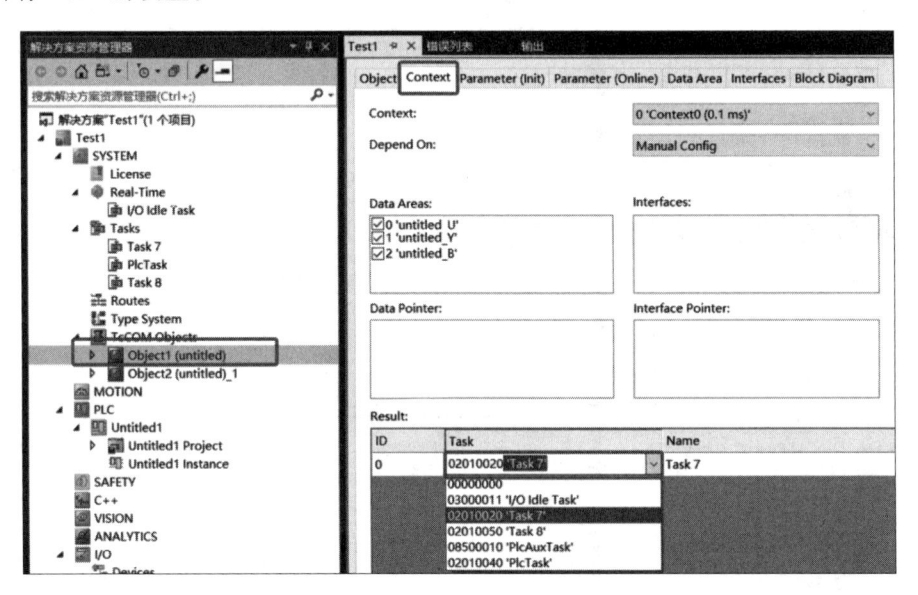

图 7.1.14　分配 Task 给仿真模型

7.2　运行实时仿真项目

如图 7.2.1 所示，单击 Activate Conifguration（正方形框标注处），激活配置并下载程序到仿真器，弹出对话框，单击"确定"按钮。

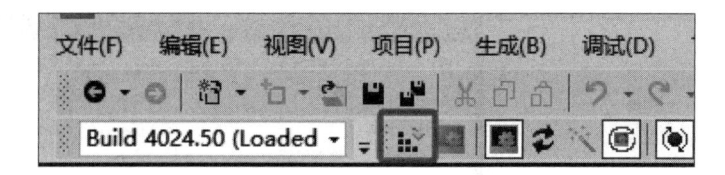

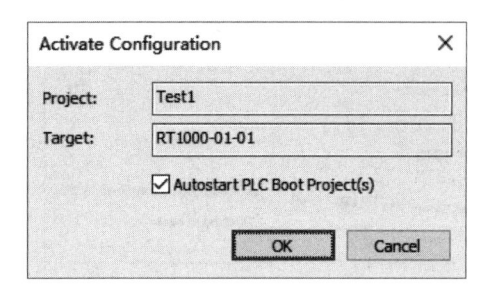

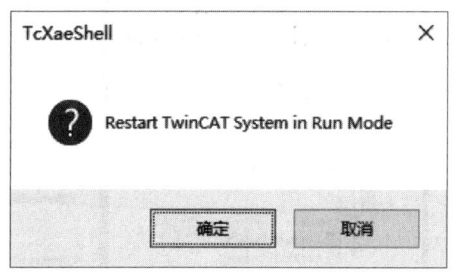

图 7.2.1 运行仿真

如图 7.2.2 所示，分别选择两个输入，单击 Write，手动输入值 100.0 和 99.0。

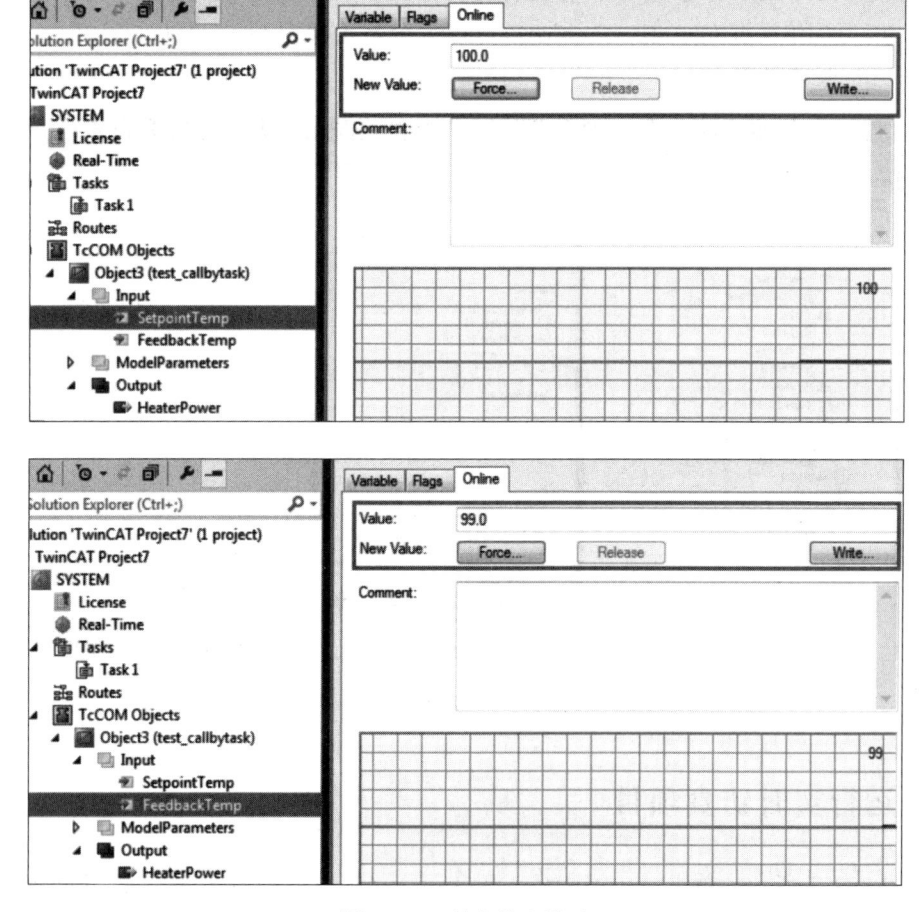

图 7.2.2 给定输入界面

如图 7.2.3 所示，单击 Block Diagram，可以发现已经有输入/输出量。并且可以到 PI 这个 subsystem 中详细看到 PI 计算过程。

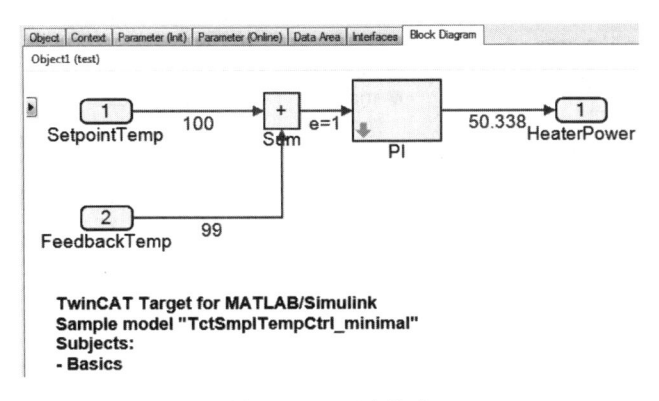

图 7.2.3　观察输出

7.3　仿真调试

7.3.1　示波器使用

如图 7.3.1 所示，在解决方案中添加新项目，右击 solution，选择 add，单击选项卡中的 New project。在弹出的窗口中选择 Scope→YT Scope Project，单击 OK 按钮。

图 7.3.1　添加示波器窗口

在新生成的项目中右击 Axis Group，目的是使变量添加至 Axis Group 坐标轴，单击 Target Browser 搜索变量。如图 7.3.2 所示，选择对应目标内核，选择目标 PLC 或者 Task。打开所用的 RT1000-0101，单击"851：port851"（本例中 PLC 端口号为 851），选中待观测变量长按鼠标左键，拖拉待观测变量到指定的 Axis Group，完成变量添加。

如图 7.3.3 所示，单击 Start Record（F5）开始记录，示波器显示波形。

7.3.2　模型参数修改

模型在运行状态可以在线修改参数。

（1）修改模型内部参数。如图 7.3.4 所示，选择 ModelParameters 找到需要修改的参数，比如修改 PID 积分系数-"I"。

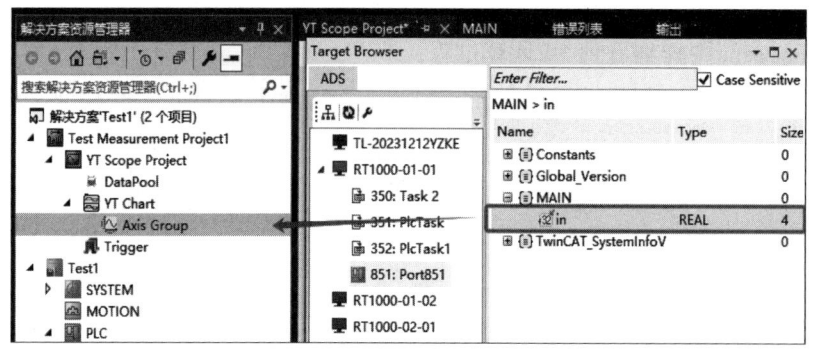

图 7.3.2　示波器中添加待观测变量

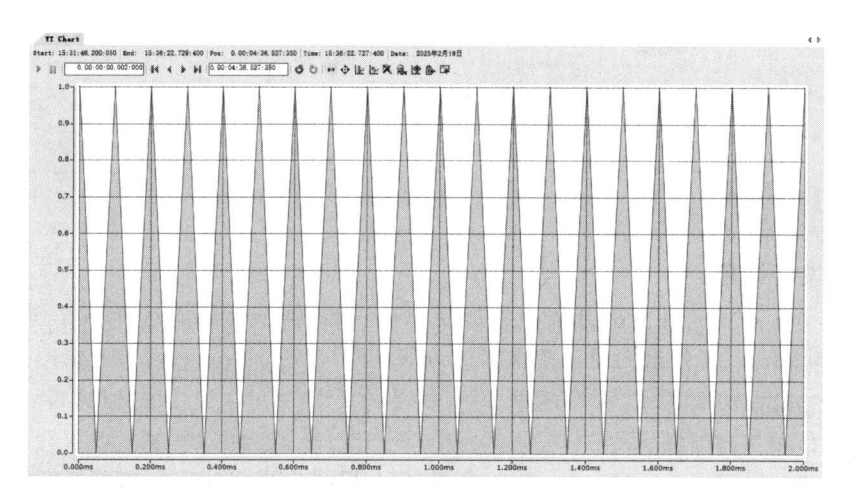

图 7.3.3　示波器波形

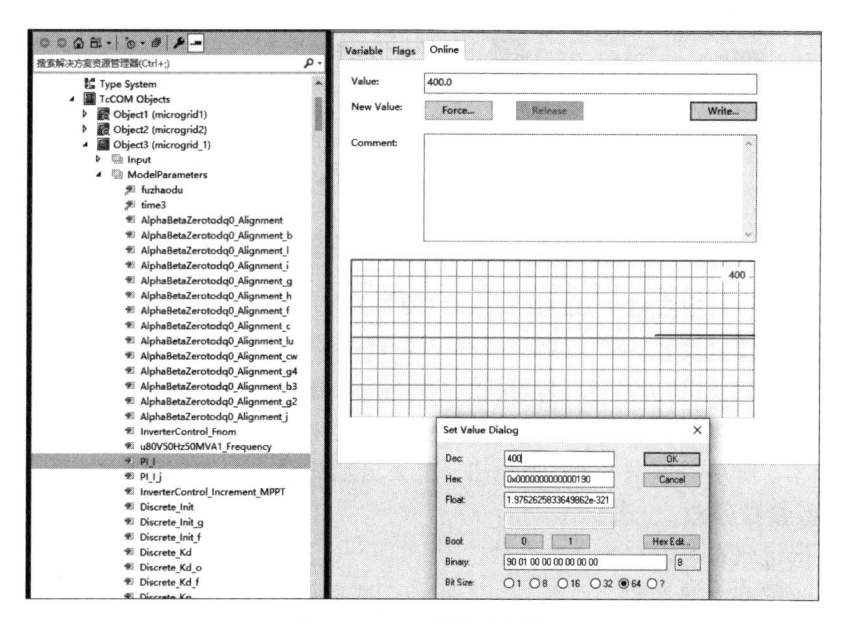

图 7.3.4　在线修改参数

（2）模型输入接口手动赋值。如图 7.3.5 所示，模型的输入变量未和 PLC 的输出变量绑定的时候，可以在线赋值给模型的输入接口。给 SetpointTemp 输入一个值：99.0。

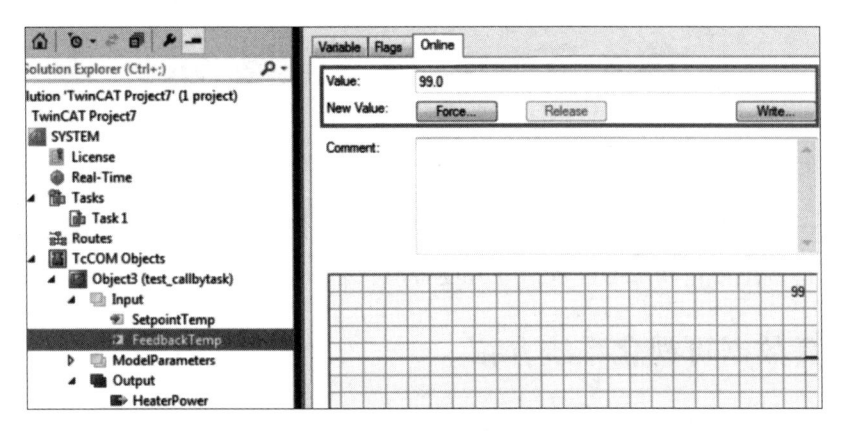

图 7.3.5　手动赋值

7.4　停止实时仿真项目

如图 7.4.1 所示，单击正方形框标注处的按钮（Config Model），在弹出的选项框中单击"确定"和"是"按钮，停止仿真项目。

图 7.4.1　停止仿真

第8章 可视化展示

有源配电网实时仿真需要将仿真结果以图形化的形式展示出来，以便于操作员进行监控和控制，这些图形化展示可以包括电力设备的状态、电网拓扑、电能质量等信息。

8.1 仿真数据可视化系统介绍

仿真数据可视化系统主要分为两大部分，数据可视化界面和数据管理后台。整个仿真

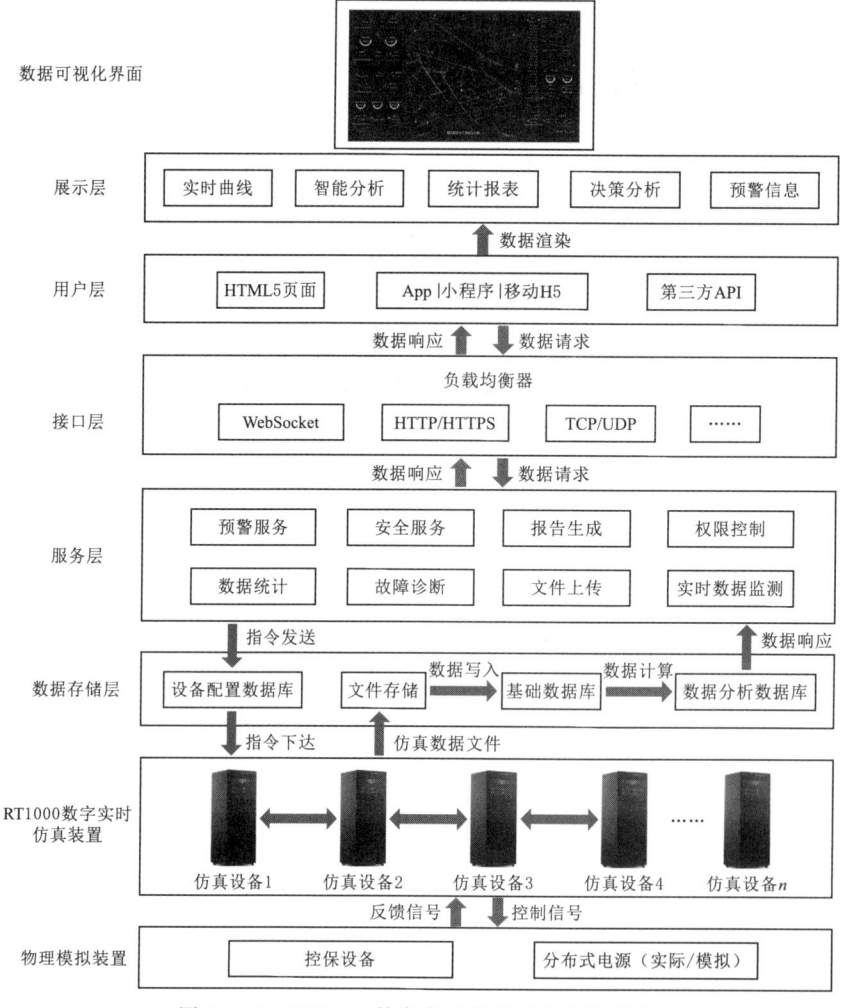

图 8.1.1 RT1000 数字实时仿真平台总体架构

数据可视化系统基于 B/S（Browser/Server，浏览器/服务器）架构进行开发。采用该架构的仿真数据可视化系统具有以下优点：

（1）使用简便化，使用时无须安装客户端，通过 Web 浏览器访问即可。
（2）应用广泛化，BS 架构可以应用在局域网和广域网上。
（3）访问安全化，通过权限控制可实现多客户访问以及制定客户访问权限。
（4）更新轻量化，系统可随时进行版本的更新且无需用户重新下载。

仿真数据可视化系统在基于"客户端-服务器-数据库"模式的基础上，结合现在主流的前后端分离的开发模式。前端即对应仿真数据可视化系统的数据可视化界面，后端对应系统的数据管理后台。前后端分离模式可以实现真正的前后端解耦，数据可视化界面的基础图片、视频等资源可以放在前端的 Web 服务器中，加快了整个页面的响应速度，给用户以更流畅的视觉感受。通过前后端分离模式中的异步加载功能，可视化页面可以显示更多的内容，增加了可视化页面内容的丰富性。

仿真数据可视化系统基于 RT1000 电磁暂态级数字实时仿真系统开发，既能实现新能源发电、储能、负荷、无功等选址定容精确评估，也能对电网新建和改建方案进行电磁暂态级校验。RT1000 数字实时仿真平台包括数据可视化界面、展示层、用户层、接口层、服务层、数据存储层、RT1000 数字实时仿真装置和物理模拟装置。RT1000 数字实时仿真平台总体架构如图 8.1.1 所示。

8.2　数据可视化界面

可视化的输入是结构化的仿真数据，这些数据所蕴含信息的属性构成了可视化设计的基础。图表和地理图是电网仿真数据可视化的主要形式，以图表方式展示数据可以直观地看出仿真数据的动态变化，对于数据分析结果，地理图适合于突出仿真数据与仿真对象空间分布相关的信息。地理图可以用来展示电网网架线路结构、变电站和用户的地理位置信息等数据。对于动态数据，数据的改变驱动图表展现的改变，如果选择相同的时间段，就可以同时在曲线和地理图中展示其不同的特性，实现：①单击线路显示线路负载率、光伏能量渗透率、光伏功率渗透率、光伏功率、线路有功功率、辐照度、电压频率等实时数据和首端电压、末端电压、功率、光伏、储能、负荷等历史数据曲线；②单击变电站显示变电站的平均负载率、最大负载率、电压、功率等实时数据和电压、功率等历史数据曲线。例如，仿真数据中的，仿真平台可以计算出线路负载率、光伏功率渗透率、光伏能量渗透率等超参数当前处于哪个区间，然后对具体的线路配置不同的颜色和半圆形进度条的方式展示，实现对线路运行状态的实时可视化监控。基于此，在运行数据实时展示的基础上对历史数据进行深入挖掘，在固定的时间周期内对数据进行分析。

仿真数据可视化系统：集可视化维护、精细化管理、大数据分析于一体以图表方式将来自后端的数据进行可视化处理，可将数据库后台发送到数据可视化界面的数据的直接映射为曲线图、折线图、柱状图、饼图、环形图、南丁格尔玫瑰图、仪表盘、水波图等图表形式。仿真数据可视化系统可实现主网、配网、新能源场站等系统接入，通过数字实时仿真、云计算、大数据等先进技术，为用户提供仿真数据的实时采集、解析、计算、存储、告警推送等应用服务。仿真数据可视化系统采用标准化接口、数据流和业务流、跨平台开发语言，打造平台通用性和实用性。用户可通过 PC 网页端交互界面查看仿真数据及运行情况。

基于数字实时仿真的 RTDeisgn 系统可以对配电网拟接入的光伏、储能、风电等新能源容量进行评估，评估结果可为合理配置配电网分布式新能源的接入，掌握区域内新能源消纳能力等工作提供有效的参考建议。用户借助 RTDeisgn 系统可实现对配电网任意线路的任意节点接入新能源，进而进行实时的新能源消纳能力评估仿真。在系统进行实时仿真的同时，系统的展示界面将会对仿真的数据进行实时的展示和分析。RTDeisgn 系统可以做到实时仿真配电网中接入新能源的实际情况，存储仿真过程中的数据、指令等，可视化界面可以供用户选择光伏接入方案，展示仿真的结果以及仿真结果分析。

数据可视化界面有以下几个应用优势：
（1）智能监控，通过局域网实时采集保存数据，确保数据的安全性。
（2）实时数据，以图表方式展示电网的实时仿真数据，可以直观地看出仿真数据的动态变化。
（3）数据分析，清晰解读仿真数据的各项关键指标。
（4）方案分析，对比不同的接入方案，得出新能源设备最优接入方案。
（5）清晰地展示电网线路布局、新能源装置的接入位置和设备配置。

8.3 数据管理后台

8.3.1 数据管理后台开发

数据管理后台主要包括三大部分：数据管理后台主体、仿真数据交互平台、仿真数据库设计。其中数据管理后台主体接收并处理来自数据可视化界面的请求，并与数据库和仿真数据平台进行相应的功能实现。仿真数据交互平台主要实现仿真数据的采集、仿真指令的下发等工作。仿真数据库用于存储仿真的各项数据。数据管理后台工作流程如图 8.3.1 所示。

整个数据管理后台的开发采用 Spring Boot 框架，该框架集成了诸多现有的主流框架的功能，在实现更多的业务处理要求的同时，提高了数据管理后台的运行效率，保证数据的采集以及读写的安全性和稳定性。如图 8.3.1 所示，Spring Boot 框架的系统一般分为 4 层，即 Controller 层、Service 层、Mapper 层和 Pojo（Model）层。

（1）Controller 层为控制层，控制业务逻辑。Controller 层负责前后端交互，接受前端请求，调用 Service 层，接收 Service 层返回的数据，最后返回具体的页面和数据到客户端，最终实现具体的业务模块流程的控制。

（2）Service 层为业务层，控制业务。Service 层主要负责业务模块的逻辑应用设计。先设计放接口的类，再创建实现的类（Impl），然后在配置文件中进行配置其实现的关联。

（3）Mapper 层，接收 Mapper 层返回的数据，完成项目的基本功能设计。封装 Service 层的业务逻辑有利于业务逻辑的独立性和重复利用性。Mapper 层为持久层，主要与数据库进行交互。Mapper 层也称 Dao 层，会定义实际使用到的方法，比如增、删、改、

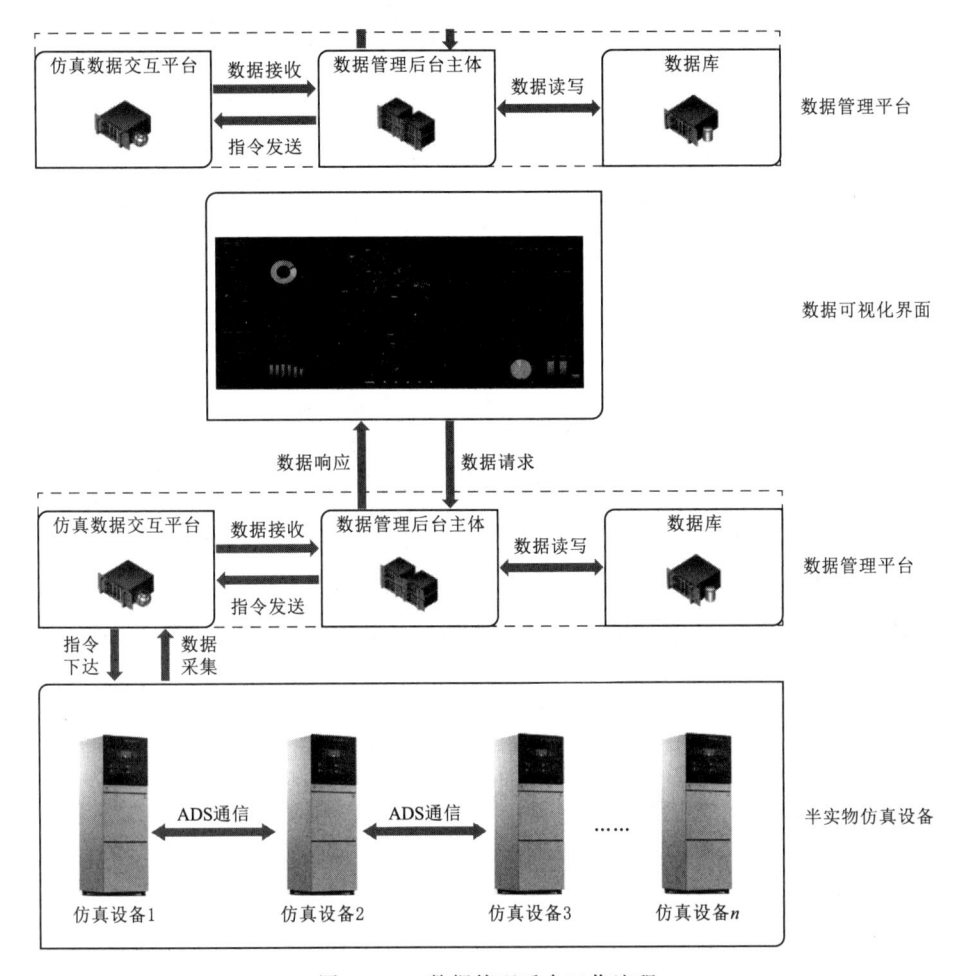

图 8.3.1　数据管理后台工作流程

查。数据源和数据库连接的参数都是在配置文件中进行配置的，配置文件一般在同层的 XML 文件夹中，对数据进行持久化操作。调用 Entity 层能够实现对数据的持久化操作。

（4）Pojo（Model）层为实体层，也就是所谓的 Model 层，是数据库在项目中的类，包含实体类的属性和对应属性的 set、get 方法。

8.3.2　仿真数据交互平台

为实现数据可视化界面对仿真数据实时监测的功能，在数据管理后台中集成了仿真数据交互平台。仿真数据交互平台主要负责两部分工作：一是采集仿真设备的仿真数据，二是将仿真指令下发给仿真设备。仿真数据通常包括线路的负荷数据、光伏数据、首末端电压数据等。采集的数据类型可根据用户需求进行定制，根据数据可视化界面的设计需求，采集相应的数据。用户通过可视化界面进行下达仿真指令（包括用户对仿真参数的修改等），由数据管理平台进行解析并传送至仿真数据交互平台，最后由仿真数据交互平台将指令下发给仿真设备。

仿真数据交互平台与半实物仿真设备之间的通信采用 ADS 通信。ADS 支持多种协议，如应用程序间的 TCP/IP 通信、基于 Web 的 HTTP 通信、通过其他第三方协议（串口等）。

ADS通信既可以用控制器内部通信、控制器跟控制器之间通信也可以用于控制器和PC高级语言通信。采用ADS通信可以保证数据传输的安全性和准确性。仿真数据交互平台采用ADS-Java的通信方式，采用ADS封装的Java功能库可以实现仿真数据的快速读取。

仿真数据交互平台可根据用户需求定制数据颗粒度大小。对于数据的采集频率可根据用户需求进行设置，系统可设每间隔15min、1min、10s读取一次仿真数据。

8.3.3 数据库设计

为实现仿真数据可视化系统能有丰富的仿真数据，数据库采用主流的MySQL数据库。数据库用于存储系统所有的数据，存储的数据可供可视化界面进行读取调用，也可直接进行导出。

通过数字实时仿真平台进行仿真，内容主要包括线路数据、变电站数据、光伏和储能数据等。此类数据包括历史数据以及实时数据。历史数据用于可视化界面的曲线图、柱形图等图例的展示；实时数据主要用于可视化界面的表格数据的刷新显示。在进行MySQL数据库的设计时，将根据数据的类型以及类别进行相应的分类。图8.3.2是MySQL数据库的分类示意图。

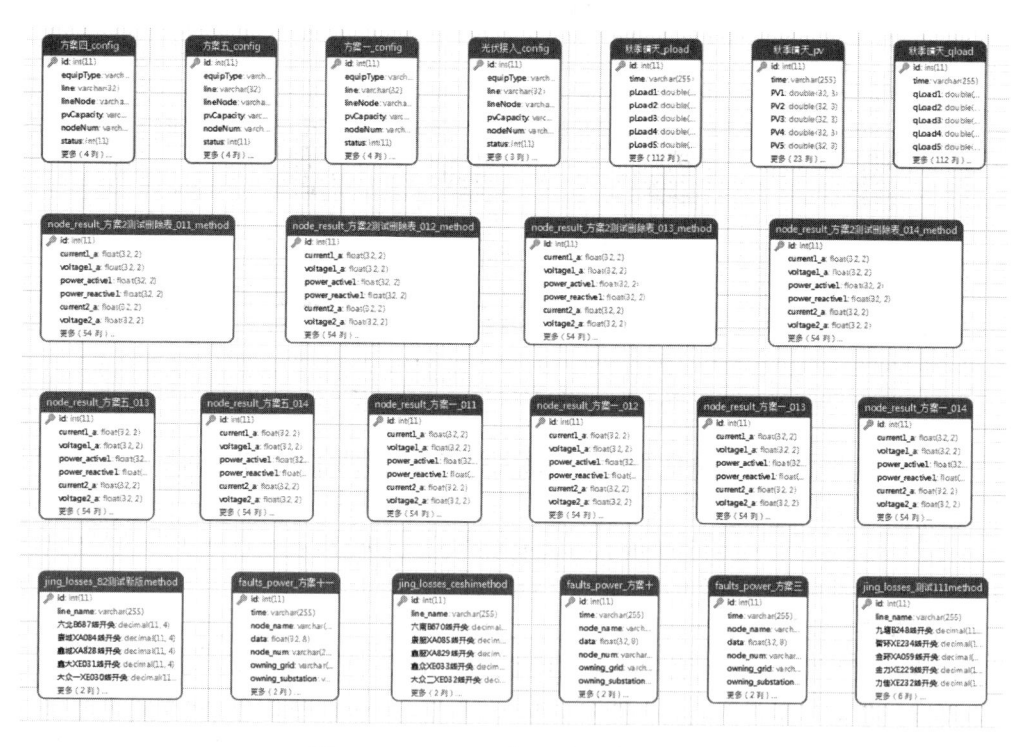

图8.3.2 MySQL数据库的分类示意图

8.4 仿真数据可视化系统

仿真数据可视化系统主要分为两大部分：数据可视化界面和数据管理后台。目前，对于可视化系统主要有C/S（Client/Server）架构和B/S（Browser/Server）架构两种，两种架构性能对比见表 8.4.1。

表 8.4.1　　　　　　　　　C/S 架构与 B/S 架构性能对比表

架构	软件安装	重用性	升级维护	展现形式
C/S	所有客户端都必须安装和配置软件	无法避免整体性考虑，重用性不佳	系统升级维护难，很可能需要再做一个全新的系统	多建立在 Windows 平台上，表现形式有限
B/S	无须安装任何特定的软件，使用浏览器进行访问	功能模块具有相对独立的功能，能够较好地重用	只需要管理服务器，维护和升级方式简单	建立在浏览器上，有更丰富和生动的展现与交互形式

整个仿真数据可视化系统基于 B/S 架构，即浏览器/服务器结构进行开发。采用 B/S 架构的仿真数据可视化系统具有以下优点：

（1）客户端无须处理复杂的业务逻辑，只需要与后端服务器进行实时数据通信，实现显示数据的动态请求与获取，最大限度地提高应用运行性能。

（2）系统升级、扩展和维护方便。当系统需要维护更新时，只需要系统开发人员或管理人员将修改后的代码重新部署到服务器即可，客户端浏览器无须任何操作，只需关注功能服务。避免了 C/S 架构软件系统升级维护困难等问题，也降低了系统二次开发和升级维护的成本。

（3）软件运行和操作方式简单。B/S 架构的软件系统无须安装客户端应用，系统客户端实际上是通用浏览器。任意授权用户在任意地点只需要打开浏览器，输入对应的网址，即可实现微电网远程实时监控，对于设备监管人员来说操作更加便捷。

（4）具有跨平台的特性。仿真数据可视化系统可以兼容不同操作系统和不同的运行环境。

8.4.1　数据可视化界面

数据可视化界面属于 B/S 架构中的 Browser 模块，主要包括开发框架和数据可视化图表库两部分。开发框架用于搭建整个数据可视化界面的结构，数据可视化图表库用于将仿真数据渲染成图表形式，可视化的输入是结构化的仿真数据，这些数据所蕴含的信息构成了可视化界面的基础。图表是电网仿真数据可视化的主要形式，以图表方式展示数据可以直观地看出仿真数据的动态变化，展示数据分析结果。

8.4.1.1　可视化平台开发框架

目前最流行的三个数据可视化平台开发框架是 Angular、React 和 Vue.js，这些框架非常高效，并且它们各自有优缺点。为了满足系统性能、可扩展性、安全性、提高开发效率等需求，提高系统的可靠性和稳定性，构建一个全新的，现代化的，快速可靠的数据可视化平台，使用 Vue.js 框架构建数据可视化平台是最佳选择。

（1）Angular 是一款基于 TypeScript 的开源框架，由 Google 开发和维护。Angular 是一个全面的框架，带有很多开箱即用的功能，是开发大型项目的理想选择。提供开箱即用的完整解决方案、提供强大的双向数据绑定功能、带有内置的依赖注入系统、提供全面的测试环境、适用于大型项目。但是 Angular 对于构建启动快速变化的 UI 却没那么有用，对于小型项目可能会过于庞大。而 React 和 Vue.js 更加轻量，组件化意味着小巧、自主、封装，因此易于重复使用。

（2）React 整体采用函数式编程，使用 JSX（JavaScript 语法扩展）开发灵活度较高，可用于构建用户界面应用（Web 应用程序和原生应用）的 JavaScript 框架。使用纯函数稳定无副作用（输入相同，输出结果一定相同），使代码可复用性和可维护性提升。React16 后出现的 hooks，更进一步提升可复用性。数据流自顶向下，从父节点传递到子节点，如果顶层（父级）某个 props 改变了，React 会重新渲染所有子节点。React 使用 Virtual DOM，最大限度地减少 DOM 操作。官方的 React 文档很详细，但不像 Vue.js 的官方文档那样清晰有序。文档涵盖了必要的入门教程和核心概念等，但文档中缺少介绍框架的边界。随着项目变得更大，这些边界会转换为痛点。Vue.js 的官方文档非常全面，甚至涵盖了开发 Vue.js 应用程序过程中偶然发现的问题。

（3）Vue.js 可以直接在 HTML 页面中通过资源的方式加载，只需几分钟，整个库无须构建便可以使用了。这让我们可以在任何时候编写 Vue.js 应用程序。Vue.js 的定义比 React 更严格，更具稳定性。在 Vue.js 中，许多问题直接在其文档中得到解答，而不需要在其他地方搜索。Vue.js 混合了函数式和面向对象编程（Object-Oriented Programming，OOP），消除了 Angular 的大部分痛点。Vue.js 对组件生命周期的考虑比 React 更直观，相较于 React 和 Angular 更加轻量级、提供了构建 Web 应用程序的简单且直观的 API、使用反应式和可组合的架构、提供了内置的依赖注入系统使得其成为开发数据可视化平台的最优选择。

8.4.1.2 数据可视化图表库

常用的数据可视化图表库有 Highcharts 和 ECharts。由于仿真数据量大，因此选用渲染效率较高的 ECharts 库。

（1）Highcharts 是一款纯 JavaScript 编写的开源图表库，为 Web 网站、Web 应用程序提供直观、交互式图表。当前支持折线、曲线、区域、区域曲线图、柱形图、条形图、饼图、散点图、角度测量图、区域排列图、区域曲线排列图、柱形排列图、极坐标图等几十种图表类型。Highcharts 底层为 svg 复杂度高会减慢渲染速度。

（2）ECharts 是一个使用 JavaScript 实现的开源可视化库，提供了常规的折线图、柱状图、散点图、饼图、K 线图，用于统计的盒形图，用于地理数据可视化的地图、热力图、线图，用于关系数据可视化的关系图、treemap、旭日图，多维数据可视化的平行坐标，还有用于 BI 的漏斗图，仪表盘，并且支持图与图之间的混搭，能够以.jpg、.png 格式保存结果图像，适合图像密集型的图表，渲染效率高。

8.4.2 数据管理后台

数据管理后台属于 B/S 架构中的 Server 模块，主要包括三大部分：数据管理后台主体、仿真数据交互平台、仿真数据库设计。

8.4.2.1 数据管理后台主体

对于数据管理后台，目前的开发框架包括 JavaWeb，Spring 和 SpringBoot 框架。其中 JavaWeb 由于框架烦琐，且对于开发人员要求较高、工作量太大，已经被逐渐淘汰。对于 Spring 和 SpringBoot 两大框架，SpringBoot 框架是基于 Spring 框架进行开发与升级得到的。

相较于传统的Spring框架，SpringBoot框架具有以下优点：

（1）可快速构建独立的Spring应用。SpringBoot是一个依靠大量注解实现自动化配置的全新框架。在构建Spring应用时，我们只需要添加相应的场景依赖，SpringBoot就会根据添加的场景依赖自动进行配置，在无须额外手动添加配置的情况下快速构建出一个独立的Spring应用。

（2）直接嵌入Tomcat、Jetty和Undertow服务器（无须部署WAR文件）。传统的Spring应用部署时，通常会将应用压缩并部署到Tomcat、Jetty或Undertow服务器中。SpringBoot框架内嵌了Tomcat、Jetty和Undertow服务器，而且可以自动将项目压缩，并在项目运行时部署到服务器中。

（3）通过依赖启动器简化构建配置。在SpringBoot项目构建过程中，无须准备各种独立的JAR文件，只需在构建项目时根据开发场景需求选择对应的依赖启动器starter，在引入的依赖启动器starter内部已经包含了对应开发场景所需的依赖，并会自动下载和拉取相关JAR包。例如，在Web开发时，只需在构建项目时选择对应的Web场景依赖启动器spring-boot-starter-web，SpringBoot项目便会自动导入spring-webmvc、spring-web、spring-boot-starter-tomcat等子依赖，并自动下载和获取Web开发需要的相关JAR包。

（4）自动化配置Spring和第三方库。SpringBoot充分考虑到与传统Spring框架以及其他第三方库融合的场景，在提供了各种场景依赖启动器的基础上，内部还默认提供了各种自动化配置类（例如RedisAutoConfiguration）。使用SpringBoot开发项目时，一旦引入了某个场景的依赖启动器，SpringBoot内部提供的默认自动化配置类就会生效，开发者无须手动在配置文件中进行相关配置（除非开发者需要更改默认配置），从而极大地减少了开发人员的工作量，提高了程序的开发效率。

（5）提供生产就绪功能。SpringBoot提供了一些用于生产环境运行时的特性，例如指标、监控检查和外部化配置。其中，指标和监控检查可以帮助运维人员在运维期间监控项目运行情况；外部化配置可以使运维人员快速、方便地进行外部化配置和部署工作。

（6）极少的代码生成和XML配置。SpringBoot框架内部已经实现了与Spring以及其他常用第三方库的整合连接，并提供了默认最优化的整合配置，使用时基本上不需要额外生成配置代码和XML配置文件。在需要自定义配置的情况下，SpringBoot更加提倡使用Javaconfig（Java配置类）替换传统的XML配置方式，这样更加方便查看和管理。

综上所述的优点，项目选择优势最为突出的SpringBoot框架进行开发。

8.4.2.2 仿真数据交互平台

对于仿真数据交互平台，其主要职责是负责通信。因此该项目中需要满足通信的两大要求：速度与精度。目前主流的网络通信协议有WebSocket和HTTP，项目中采用WebSocket通信。其优势如下：

（1）较少的控制开销。连接创建后，在服务器和客户端之间交换数据时，用于协议控制的数据包头部相对较小。在不包含扩展的情况下，对于服务器到客户端的内容，其头部大小只有2~10字节（和数据包长度有关）；对于客户端到服务器的内容，此头部还需额外加上4字节的掩码。与每次都要携带完整头部的HTTP请求相比，此项开销有显著减少。

（2）更强的实时性。由于协议是全双工的，所以服务器可以随时主动给客户端下方数据。HTTP 请求需要等待客户端发起请求，服务端才能响应，与其相比，WebSocket 的延迟明显更小。即使和 Comet 等类似的长轮询相比，WebSocket 也能在短时间内更多次地传递数据。

（3）保持连接状态。与 HTTP 请求不同的是，WebSocket 需要先创建连接，这使其成为一种有状态的协议，之后通信时可以省略部分状态信息。而 HTTP 请求可能需要在每个请求中都携带状态信息（如身份认证等）。

（4）更好的二进制支持。WebSocket 定义了二进制帧，与 HTTP 请求相比，可以更轻松地处理二进制内容。

（5）支持扩展。WebSocket 定义了扩展，用户可以扩展协议，实现部分自定义的子协议，如部分浏览器支持压缩等。

（6）更好的压缩效果。与 HTTP 压缩相比，WebSocket 在适当的扩展支持下，可以沿用之前内容的上下文，在传递类似的数据时，可以显著地提高压缩率。

8.4.2.3 仿真数据库设计

对于仿真数据库设计而言，目前主流的数据库有 MySQL、Oracle 以及 SQLServer。项目选择 SQLMySql 数据库，MySQL 数据库系统的结构化使数据管理更加方便，同时数据库系统丰富的接口可以与外界应用进行数据沟通与交换。数据库系统的特点如下：

（1）实现数据共享。数据共享是指所有用户可以同时存储和读取数据库中的数据，也是指用户可以使用各种方式通过接口来调用数据库。

（2）减少系统和数据的冗余。和文件系统相比，数据库系统实现了数据共享，从而避免了由用户各自建立应用文件造成的大量数据重复和系统冗余，保持了数据的一致性，性能更加稳定。

（3）数据实现集中控制。相对于文件系统中数据处于分散状态，同一用户或不同用户在处理数据过程中文件之间无关系的管理方式，数据库系统可对数据进行集中控制和管理，并通过数据模型来表示各种数据和组织之间的联系。

（4）保持数据的安全、完整和并发。数据库系统可以实现安全性控制（防止数据丢失、错误更新和越权使用）、完整性控制（保证数据的正确性、有效性和相容性）、并发控制（既能在同一时间周期内允许对数据实现多路存取，又能防止用户之间的不正常交互）。

（5）故障恢复。数据库管理系统可以实现数据的监控和定期备份，可及时发现故障和修复故障，从而防止数据被破坏。即使在数据丢失的情况下，也可以将备份的数据恢复到相邻的备份节点，减少经济损失。

第9章 有源配电网典型案例分析

本章按照案例背景、基本情况、仿真建模过程、参数设置、仿真结果分析的顺序，对有源配电网的典型案例进行介绍讲解，包括分散式风电接入、电网分层分区跨供区合环案例、110kV 光伏并网接入案例、10kV 分布式光伏接入容量和位置影响分析、储能并网接入案例，并给出了初步仿真结论，为后续深入仿真研究奠定基础。

9.1 分散式风电接入案例

现代社会的高速发展带来了生态污染问题和能源短缺问题，而风力发电作为一种可再生清洁能源，对于促进生态保护和能源结构调整具有重要意义。在近十几年的时间内，国内的风电行业得到了快速发展，但伴随着风电行业多年的大规模开发，集中式风电资源逐渐开发殆尽，加上"弃风限电"的困扰，使得分散式风电凭借其注重消纳、并网灵活、投资较少等优点，逐渐受到政府与风电开发企业的重视，成为风电产业可持续发展的重要补充。2018 年，国家能源局印发《分散式风电项目开发建设暂行管理办法》，进一步加强规划管理，分散式风电发展进入快车道。在相关政策的支持和引导下，分散式风电已经成为风电可持续发展的重要选择。分散式风电项目未来若大规模接入电网，其不稳定性出力特性会对电网的运行产生影响。本章针对分散式风电消纳率、分散式风电对电压的影响、分散式风电对变电站和线路负载率的影响三方面开展仿真和分析。

9.1.1 案例基本情况

本书以某中压配电网线路为例开展仿真案例分析。基于发电厂、变压器、线路及负荷模型的精确构建，搭建了该地区电网的整体模型，包含 2 座 500kV 变电站、15 座 220kV 变电站，以及 63 座 110kV 变电站仿真模型。计划通过仿真，研究分散式风电接入对线路电压分布的影响，进一步分析该条线路对分散式风电的最大接入能力。

9.1.1.1 网架及电源数据

基于该地区电网地理接线图的信息，包括变压器台数、线路条数、各线路上的所有公变专变负荷之和等信息，并将这些信息进行归档。以石铁 2P97 线等 4 条电缆线路为例，归档电缆名称、型号、规格，计算相应电阻、电感和电容数据，具体如图 9.1.1 所示。

9.1.1.2 负荷数据

采集该地区电网所有公变和专变的负荷数据，主要包含户名、采集时间、有功和无功数据，以 15min 一个点，采集一年的负荷数据，图 9.1.2 展示了该地区电网部分负荷数据。

2023年衢州电网地调线路静态输送限额表																													
序号	序号	线路名称	起止地点	导线、电缆型号	最小载流能力导线(夏季)			最小载流能力导线(春秋季)			开关		闸刀		流变		站内连线			线路（夏季）				线路（春、秋季）				是否已增容	继电保护限额
					In (A)	Ioq (A)	Ids (A)	In (A)	Ioq (A)	Ids (A)	型号	In (A)	型号	In (A)	型号	In (A)	型号	Ioq (A)	Ids (A)	Ioq (A)	长期受限因素	Ids (A)	短时受限因素	Ioq (A)	长期受限因素	Ids (A)	短时受限因素		
1	1	石铁2P97线	石窑变 龙牵变	JL/LB20A-240/30	491	491	588	664	664	734	3AP1-FI	4000 4000	DR20-	2500 4000	10SK 245	1200/5	JL/LB20A-240/30	588	667	400	继电保护限额	400	继电保护限额	400	继电保护限额	400	继电保护限额	否	400
2	2	窑铁2P98线	石窑变 南牵变	JL/LB20A-240/30; JL/G1A-	491	491	588	664	664	734	3AQ1EE	4000 4000	GW7-252 IIDW	2500 4000	10SK 245	1200/5	JL/G1A-400/35	782	891	491	导线	500	继电保护限额	500	继电保护限额	500	继电保护限额	否	500
3	3	航铁2Q61线	航埠变 综牵变	JL/LB20A-240/30; JL/G1A-400/35; ZC-YJLW03-Z-127/220-	491	491	588	664	664	734	ZF48-252	4000 4000	ZF-252	4000 4000	ZF-252	2500/5 4000	JL/G1A-400/35	782	891	491	导线	500	继电保护限额	500	继电保护限额	500	继电保护限额	否	500
4	4	埠铁2Q62线	航埠变 衢牵变	JL/LB20A-240/30; JL/G1A-400/35; ZC-YJLW03-Z-127/220-1×630	491	491	588	664	664	734	ZF48-252	4000 4000	ZF-252	4000 4000	ZF-252	2500/5 4000	JL/LB20A-240/30	583	662	491	导线	500	继电保护限额	500	继电保护限额	500	继电保护限额	否	500

图 9.1.1　部分电缆线路规格型号

时间	110kV西柳变总加P计算结果	110kV姑蔑变总有功计算结果	110kV兰塘变总加P计算结果	110kV模环变总加P计算结果	110kV汇家变总加P计算结果
2022/2/1 0:00	14.506	19.709	11.251	31.266	17.429
2022/2/1 0:15	13.86	18.491	11.171	28.541	17.334
2022/2/1 0:30	13.5	18.165	11.171	27.648	16.537
2022/2/1 0:45	12.769	17.316	11.091	29.122	16.625
2022/2/1 1:00	12.063	16.66	10.93	28.139	16.909
2022/2/1 1:15	11.721	16.176	10.93	27.827	17.011
2022/2/1 1:30	10.948	15.651	11.412	27.246	17.42
2022/2/1 1:45	10.716	15.001	11.332	26.129	16.631
2022/2/1 2:00	10.211	14.352	11.412	25.236	16.98
2022/2/1 2:15	9.821	14.325	11.412	24.879	16.737
2022/2/1 2:30	9.547	13.766	11.251	24.655	15.535
2022/2/1 2:45	9.352	13.468	11.493	24.343	15.503
2022/2/1 3:00	9.083	13.108	11.412	23.271	15.158

图 9.1.2　部分负荷数据展示

9.1.2　仿真建模及参数设置

模块构建环节，系统整理电网建模中必要的各单一模块信息，构建包括发电厂、变压器、线路及负荷等模型，并设置各模块的具体参数。相关参数设置说明如下。

9.1.2.1　发电厂建模

发电厂模型及同步发电机组参数设置如图 9.1.3 所示。其中，Configuration 接线方式为 YgFrequency 频率为 50Hz，line - to - linevoltage 为 21.5kV。

9.1.2.2　变压器建模

变压器采用三绕组变压器，原副边接线方式采用 Yg - Yg - Yg，Nominalpowerand-frequency 额定容量、频率为 120MW、50Hz，Winding1parameters1 侧绕组参数（电压、电阻、漏抗）为 239kV、1.11e - 3pu、0.077pu，Winding2parameters2 侧绕组参数（电压、电阻、漏抗）为 115kV、1.28e - 3pu、2.3e - 3pu，Winding3parameters3 侧绕组参数（电压、电阻、漏抗）为 37kV、1.2e - 4pu、0.178pu，Magnetizationresistance 励磁电阻为 1000pu，Magnetizationinductance 励磁电感为 inf。三绕组变压器模型如图 9.1.4 所示，三绕组变压器接线方式及参数如图 9.1.5 所示。

9.1.2.3　10kV 线路建模

在三相平衡的情况下，输电线路的参数 R，L，C 沿线均匀分布，10kV 线路采用三相 PI 型线路模型，Positive - sequence resistances 正序电阻为 0.132Ω/km，Positive - sequence inductances 正序电感为 3.05e - 3mH/km，Positive - sequence capacitances 正序电容为 4.94e - 8mH/km，此条线路的长度为 1km。10kV 线路参考设置如图 9.1.6 所示。

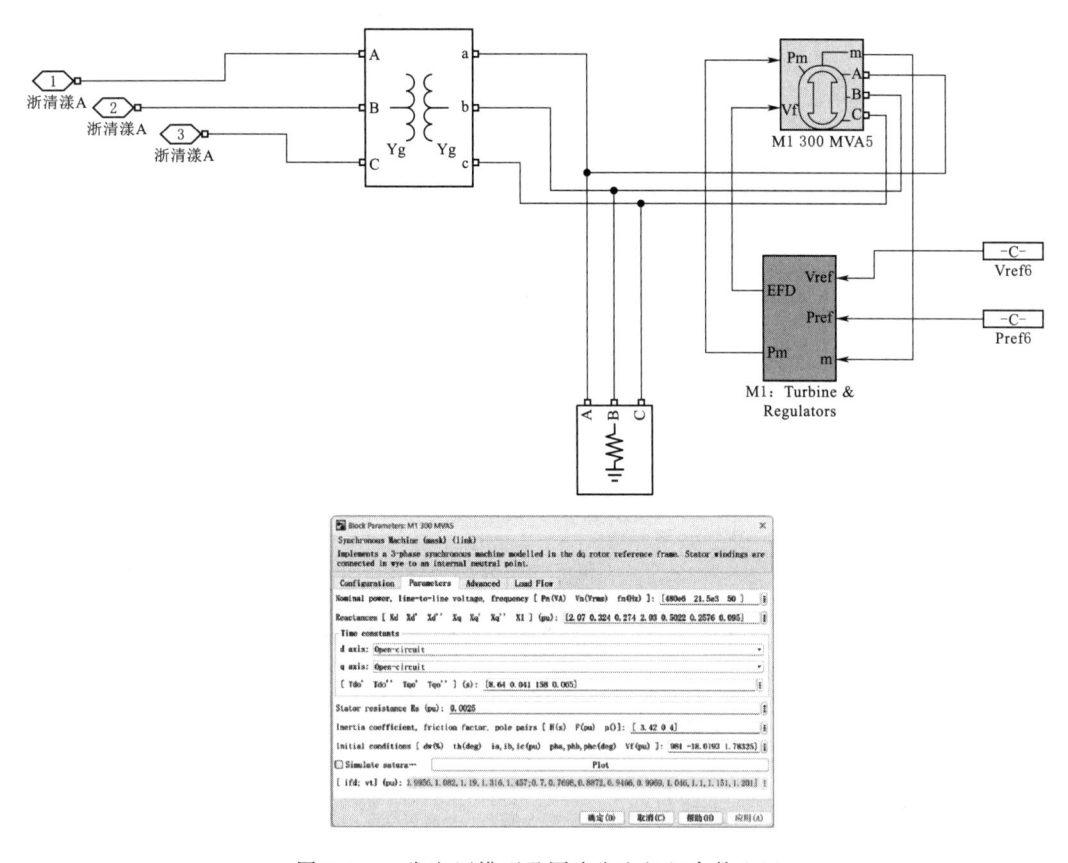

图 9.1.3　发电厂模型及同步发电机组参数配置

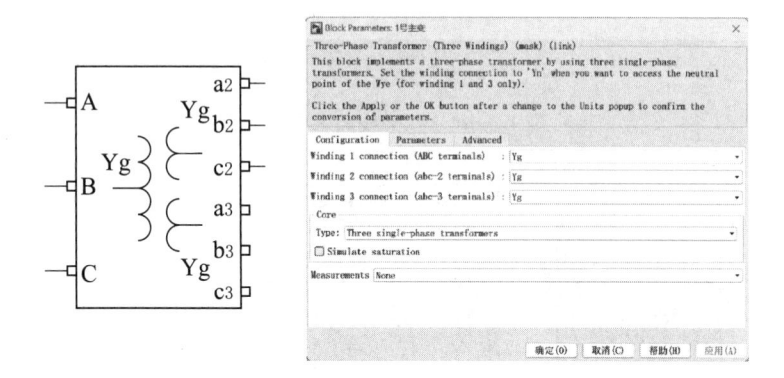

图 9.1.4　三绕组变压器模型

9.1.2.4　负荷建模

负荷模型采用自行搭建的定制化负荷模型，具备高度准确性，同时能够满足特定的仿真需求。Nominal L‐L voltage Vn 为 35kV，MinimumVoltageVmin 为 0.7。负荷模型及参数配置如图 9.1.7 所示。

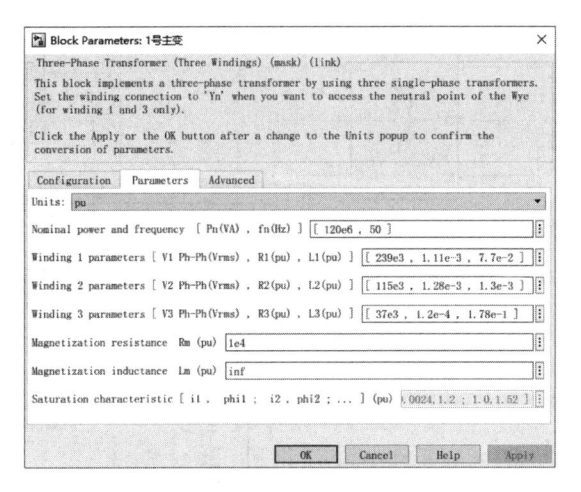

图 9.1.5　三绕组变压器接线方式及参数

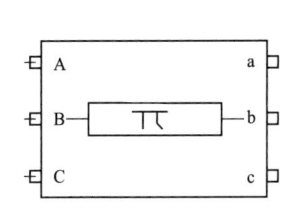

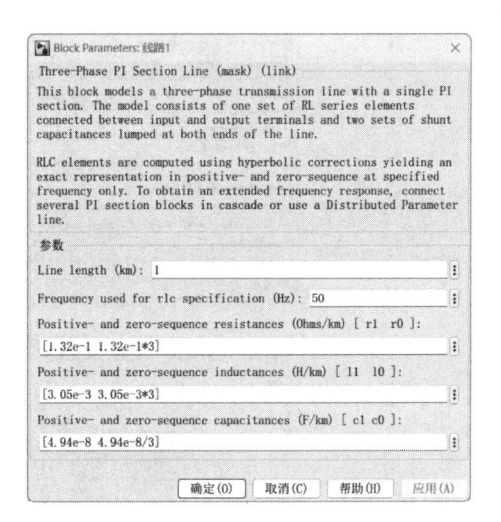

图 9.1.6　10kV 线路参数设置

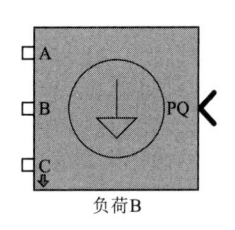

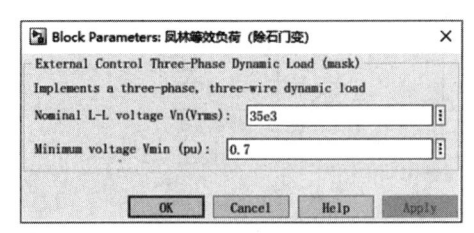

图 9.1.7　负荷模型及参数配置

9.1.2.5　整体系统建模

主网建模方面，一是完善同步机、新能源、负荷模型，提高模型的动态模拟能力；二是采用边界戴维南等效，优化网络边界条件；三是增加模型数据接口，导入负荷的动态数据，提升模型的准确性；四是将模型替换并重新拆分，以适应不同场景下的仿真需求。

配网建模方面，根据该地区公司提供的配网信息，实现模型精准构建及精细拆分，以适应不同的仿真需求，增加数据传输接口以支持动态负荷数据的导入。

基于发电厂、变压器、线路及负荷模型的精确构建，搭建了该地区电网的整体模型。

针对本次仿真，选用两台 RT1000 设备。为确保数据的实时性和准确性，将电路拆分为 19 个独立的模型，并为每个模型分配相应的核。

根据统计的节点信息，及测量的各个模块的延时表，制订了拆分点表，如图 9.1.8 所示。

设备	内核	电压等级	类型	名称			内核	类型	名称		
设备1	1	无	无	无							
	2	110	变电站	西柳	P_xiliu	Q_xiliu					
	2	110	变电站	姑蔑	P_gumie	Q_gumie					
	2	220	变电站	浙南奉	P_nanqian	Q_nanqian					
	3	110	变电站	兰塘	P_lantang	Q_lantang	3	发电厂	固废电厂	P_gufeidianchang	Q_gufeidianchang
	3	110	变电站	模环	P_mohuan	Q_mohuan					
	3	110	变电站	江家	P_jiangjia	Q_jiangjia					
	3	110	变电站	白马	P_baima	Q_baima					
	3	110	变电站	湖镇	P_huzhen	Q_huzhen					
	4	220	变电站	浙龙奉	P_longqian	Q_longqian	4	发电厂	龙游电厂	P_longyoudianchang	Q_longyoudianchang
	4	110	变电站	江家	P_jiangjia	Q_jiangjia	4	发电厂	恒盛	P_hengshengdianchang	Q_hengshengdianchang
	5	110	变电站	上方	P_shangfang	Q_shangfang	4	发电厂	浙石窟XS	P_shikuXS	
	5	110	变电站	杜泽	P_duze	Q_duze	5	发电厂	华塘光伏	P_tianhuaPV	Q_tianhuaPV
	6	110	变电站	东岳	P_dongyue	Q_dongyue					
	6	110	变电站	凤朝	P_fengchao	Q_fengchao					
	6	110	变电站	城南	P_chengnan	Q_chengnan					
	7	110	变电站	晓星	P_xiaoxing	Q_xiaoxing	7	发电厂	黄坛口	P_huangdiankoudianchang	
	7	110	变电站	华友	P_huayou	Q_huayou	7	发电厂	浙赤柯XG	P_chikeXG	
	7	110	变电站	元立	P_yuanli	Q_yuanli					
	8	110	变电站	新区	P_xinqu	Q_xinqu	8	发电厂	蛟禾光伏	P_jiaohe	Q_jiaohe
	8	110	变电站	东华	P_donghua	Q_donghua					
	8	110	变电站	开发	P_kaifa	Q_kaifa					
	8	110	变电站	凤山	P_fengshan	Q_fengshan					
	8	110	变电站	前驱	P_qianqu	Q_qianqu					
	8	110	变电站	集聚	P_jiju	Q_jiju					
	9	110	变电站	太樟11	P_taizhang	Q_taizhang	9	发电厂	中机光伏	P_zhongjiPV	Q_zhongjiPV
	9	110	变电站	百灵	P_bailing	Q_bailing	9	发电厂	铭辉光伏	P_minghuiPV	Q_minghuiPV
	10	110	变电站	沈家	P_shenjia	Q_shenjia	10	发电厂	太阳能-柯泰光伏电站	P_ketaidianchang	
	10	110	变电站	北门	P_beimen	Q_beimen			东港	P_donggangdianchang	
	10	110	变电站	芦林	P_lulin	Q_lulin					
	10	110	变电站	仙鹤	P_xianhe	Q_xianhe					

设备	内核	电压等级	类型	名称			内核	类型	名称		
设备2	1	无	无	无			1	发电厂	柯城电厂	P_kechengdianchang	
	2	110	变电站	湖东	P_hudong	Q_hudong	2	发电厂	江山虎	P_jiangshanhudianchang	
	2	110	变电站	常山	P_changshan	Q_changshan	2	发电厂	哲丰热电	P_zhefengdianchang	
	2	110	变电站	金畈	P_jinfan	Q_jinfan					
	3	110	变电站	球川	P_qiuchuan	Q_qiuchuan	3	发电厂	芙蓉	P_furongdianchang	
	3	110	变电站	辉埠	P_huibu	Q_huibu	3	发电厂	常山电厂	P_changshandianchang	
	4	110	变电站	新都	P_xindu	Q_xindu	3	发电厂	龙翔光伏	P_longxiangPV	Q_longxiangPV
	4	110	变电站	天马	P_tianma	Q_tianma					
	5	220	变电站	浙衢奉	P_quqian	Q_quqian	5	发电厂	浙航埠XG	P_hangbuXG	
	5	110	变电站	花园岗	P_huayuangang	Q_huayuangang	5	发电厂	衢州广胜光伏电站	P_guangshengPV	Q_guangshengPV
	5	110	变电站	天宁	P_tianning	Q_tianning					
	6	110	变电站	华友	P_huayou	Q_huayou	6	发电厂	光大电厂	P_guangdadianchang	
	6	110	变电站	鹿鸣	P_luming	Q_luming					
	6	110	变电站	高新	P_gaoxin	Q_gaoxin					
	6	110	变电站	中硅	P_zhonggui	Q_zhonggui					
	7	220	变电站	浙江奉	P_zhejiangqian	Q_zhejiangqian	7	发电厂	华塘光伏	P_huatangPV	Q_huatangPV
	7	110	变电站	中山	P_zhongshan	Q_zhongshan	7	发电厂	大唐吕岗	P_lvgangPV	Q_lvgangPV
	7	110	变电站	贺村	P_hecun	Q_hecun					
	7	110	变电站	虎山	P_hushan	Q_hushan					
	7	110	变电站	丰足	P_fengzu	Q_fengzu					
	8	110	变电站	湖南镇	P_hunanzhen	Q_hunanzhen	8	发电厂	水电 浙乌水	P_wuxijiangdianzhan	
	8	110	变电站	特色	P_tese	Q_tese					
	8	110	变电站	山海	P_shanhai	Q_shanhai					
	10	110	变电站	马金	P_majin	Q_majin	10	发电厂	武川光伏	P_wuchuan	Q_wuchuan
	10	110	变电站	虹桥	P_hongqiao	Q_hongqiao					
	10	110	变电站	开化	P_kaihua	Q_kaihua					
	10	110	变电站	罗坞	P_luowu	Q_luowu					
	10	110	变电站	华埠	P_huabu	Q_huabu					
	10	110	变电站	常泥	P_changni	Q_changni					
	11	220	变电站	浙清奉	P_zheqingqian	Q_zheqingqian	11	发电厂	浙江泰	P_jiangtaidianchang	
	11	110	变电站	上铺	P_shangpu	Q_shangpu	11	发电厂	新城电厂	P_xinchengdianchang	
	11	110	变电站	红火	P_honghuo	Q_honghuo					
	11	110	变电站	凤林	P_fenglin	Q_fenglin					
	11	110	变电站	江山	P_jiangshan	Q_jiangshan					
	11	110	变电站	敖平	P_aoping	Q_aoping					
	12	220	变电站	浙新衢	P_zhexinqu	Q_zhexinqu	12	发电厂	衢总	P_quzongdianchang	
	12	110	变电站	园区	P_yuanqu	Q_园区					
	12	110	变电站	yuanli11(元立1)	P_yuanli11	Q_yuanli11					
	12	110	变电站	梅花	P_meihua	Q_meihua					

图 9.1.8 设备拆分点表

9.1.3 分散式风机建模

本次仿真采用的风机模型为直驱式风力发电机模型,单台风机容量为5MW,风机建模主要包括风力机、永磁同步风力发电系统、机侧换流器控制和网侧换流器控制4个模块。

9.1.3.1 风力机模块

经详细研究风机的运行机理、功率特性,综合考虑风能的转换效率和风机的控制策略、响应速度等因素,对风力机进行精细化建模。该风力机模块可以对基本风、阵风、渐变风和随机风进行仿真。风机模块及其内部结构如图9.1.9所示。

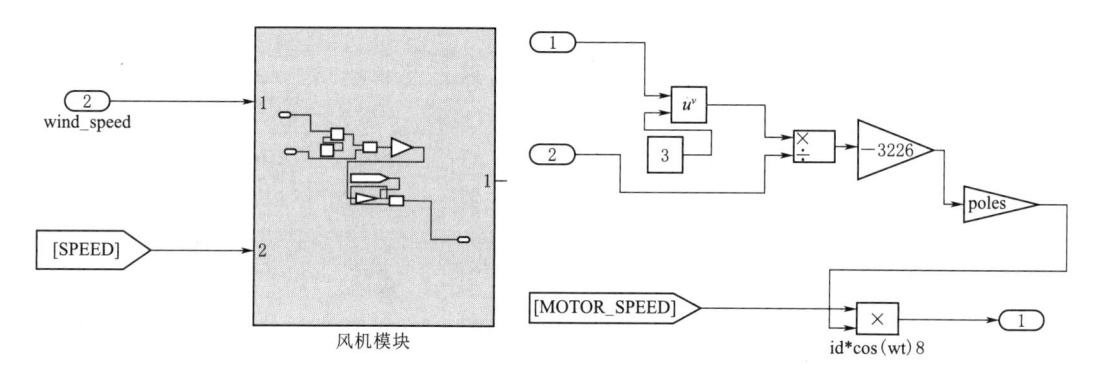

图 9.1.9 风机模块及其内部结构

9.1.3.2 永磁同步风力发电系统模块

永磁同步风力发电系统模块主要包括永磁同步电机、双PWM换流器、机侧LC滤波器、网侧连接电抗器等模块,通过输入风力机模块的转矩输出三相交流电。永磁同步风力发电模块主电路部分如图9.1.10所示。

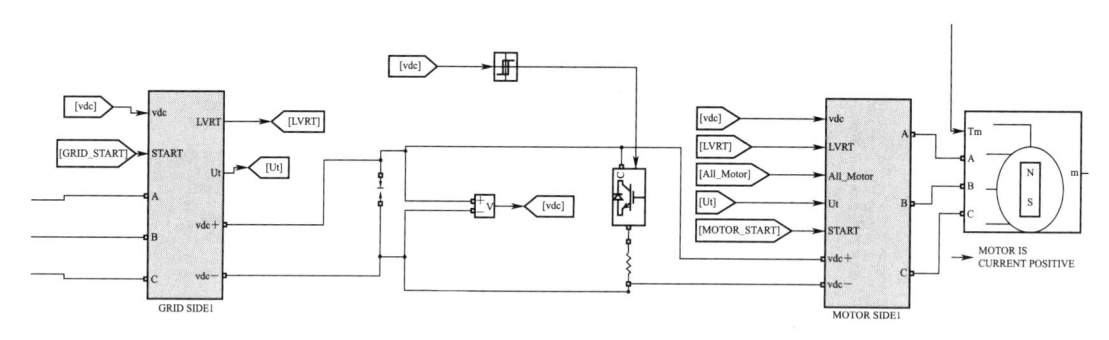

图 9.1.10 永磁同步风力发电模块主电路部分

9.1.3.3 机侧换流器控制模块

机侧换流器控制模块包括弱磁控制模块和双环控制模块,通过PWM调制输出触发信号,如图9.1.11所示。

9.1.3.4 网侧换流器控制模块

网侧换流器控制模块包括低电压穿越模块和双环控制模块,通过PWM调制输出触发信号,如图9.1.12所示。

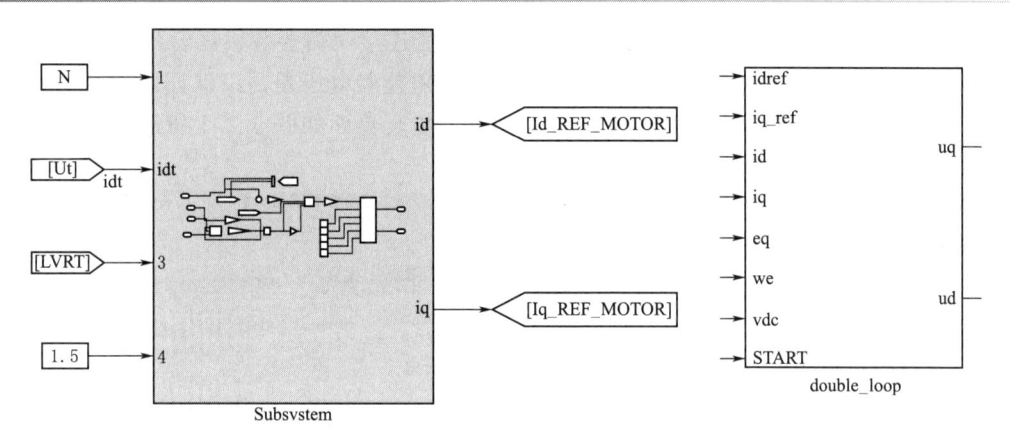

图 9.1.11　机侧换流器控制模块

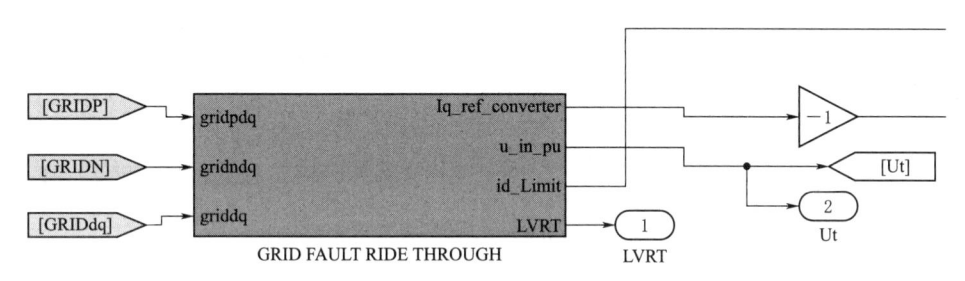

图 9.1.12　网侧换流器控制模块

基于模块搭建 5MW 风机的整体模型，能模拟多风种、变风速实际运行场景。机侧换流器和网侧换流器背靠背设置，能将大电网和永磁同步风力发电系统隔离，实现风机的异步联网，有效地隔断网间的干扰，限制短路电流，便于调度管理。5MW 风机模型结构如图 9.1.13 所示。

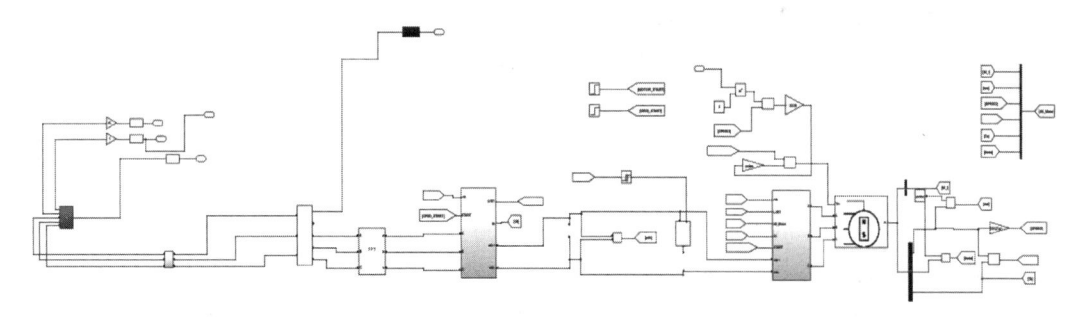

图 9.1.13　5MW 风机模型结构

9.2　电网分层分区跨供区合环案例

9.2.1　案例基本情况

仿真原因：电网分层分区跨供区合环案例的模型为 110kV 的 A 变电站，A 变 I 段母线与220kV的B变连接，Ⅱ段母线与220kV的C变连接，需要跨供区合环，可能会出现环流较大的问题。合环时需要考虑合环点两侧的相角差和电压差，以保证合环时潮流变化不会引起继电保护动作。电网分层分区跨供区合环仿真界面如图9.2.1所示。

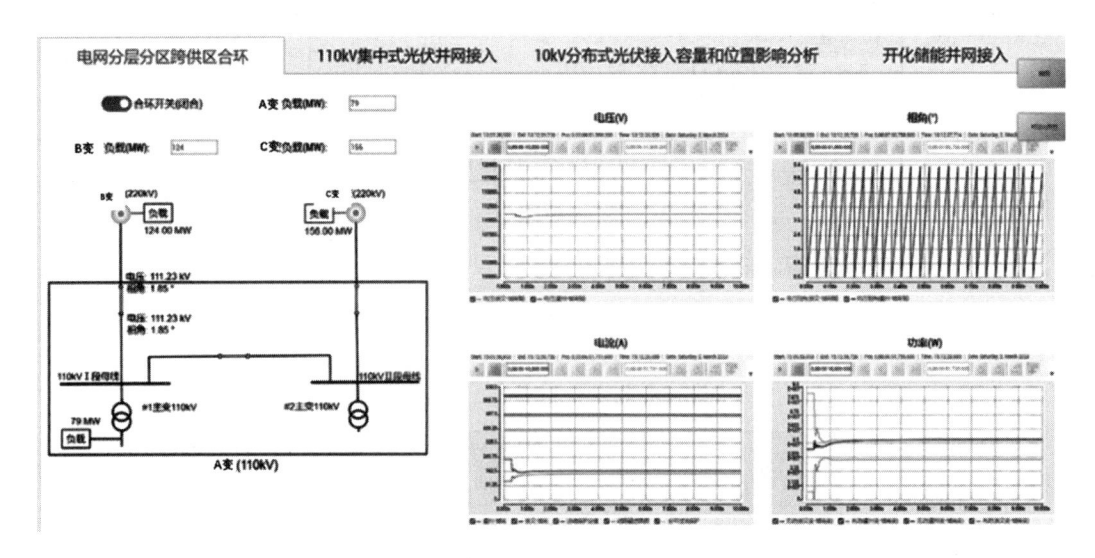

图 9.2.1 电网分层分区跨供区合环仿真界面

9.2.2 仿真情况 1

复现 2023 年 10 月 26 日 A 变实际合环时的工况，实际合环时 A 变负荷约为 21MW，B 变负载 79MW，C 变负载 266MW。进行相应设置后单击"合环"按钮，右侧波形图可观察合环后线路的电流和功率波形，B 变与 A 变连接线路的电流为 393A、功率为 48MW，C 变与 A 变连接线路的电流为 334A，功率为 27MW，电流未超限额（两条线夏季限额 487A，冬季 600A，开关保护 400A）。

观察合环时刻，电流稳定时间为 120ms，说明线路过载保护设置为 0.1s 动作是有一定依据的。

9.2.3 仿真情况 2

以 C 变负荷为 200MW 为例，A 变额定容量 90（50+40）。

（1）当 A 变负荷 30MW（轻载）。C 变和 B 变负荷相差为 C 变负载的 75% 左右，会出现线路过载情况。

（2）当 A 变负荷 80MW（重载）。C 变和 B 变负荷相差为 C 变负载的 55% 左右，会出现线路过载情况。

通过仿真结果可以看出，影响合环潮流的主要因素有以下两点：

1）合环时刻 A 变负载情况。

2）B 变和 C 变负载差值大小。

因此，在 A 变轻载且两个 220kV 变电站负载差值较小的时刻进行合环，更有助于合环成功。

9.3 110kV 光伏并网接入案例

9.3.1 案例基本情况

110kV 某 68MW 光伏通过接入 110kV 的 A 变，送至 220kV 的 B 变消纳，B—A 变线路长度为 15.49km。需要仿真该光伏接入情况，并且另外加装 SVG 无功补偿设备，在电压越限时，可以配备适宜容量的无功补偿，改善电压越限。110kV 集中式光伏并网接入仿真界面如图 9.3.1 所示。

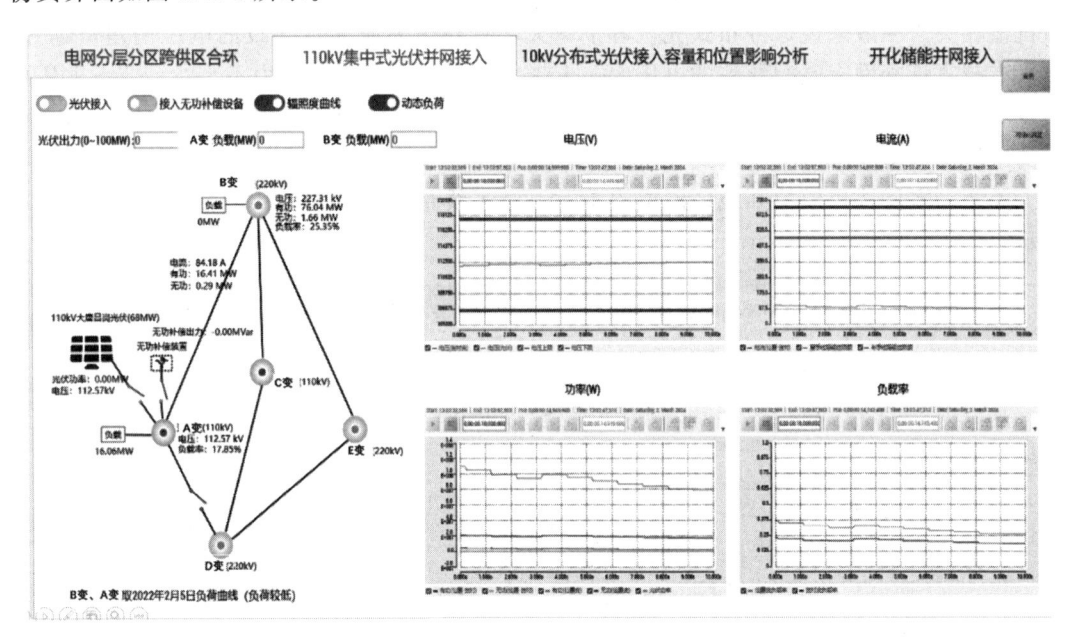

图 9.3.1 110kV 集中式光伏并网接入仿真界面

9.3.2 仿真情况 1

当 A 变负载偏低时，光伏的接入对系统潮流影响较为严重，因此选择 A 变负载偏低的 2022 年 2 月 5 日作为典型日进行全天情况仿真。光伏辐照度参考晴朗天气辐照度参考曲线进行输入。

当正午时，光伏辐照度达到最大值时，A 变电压未发生越限［117.7～106.7kV（+7%，-3%）］，电流也未出现越限状态，此时 A 变电压 114.5kV，B—A 变电流 158A。

但电压达到 116kV 偏高状态，此时可以并入 SVG 无功补偿装置，发现电压有明显下降。

9.3.3 仿真情况 2

将动态辐照度、负荷曲线开关取消，光伏出力和 A 变负荷变为可调节状态，此时可以设置 0～100MW 光伏出力以及 A 变负荷，模拟任何一个时间点的状态。

将光伏出力设置为 68MW，即使贺村变负载低至 0MW 时，也不会出现电压越限情况。

将光伏出力设置为100MW，将贺村变负载降至0MW时，A变与B变连接线路电流以及A变电压均处于限额边缘，此时考虑接入SVG无功补偿设备，可以看出电压从116.9kV降至112kV左右，能够有效调压。

9.4　10kV分布式光伏接入容量和位置影响分析案例

9.4.1　案例基本情况

分布式光伏接入导致的节点电压偏差量除了与其并网容量相关，还与其接入点位置和阻抗值相关。一般来说，分布式光伏容量越大，有功出力越大，导致的电压偏差量越大；接入点越靠近配网末端，导致的电压偏差也越大。当配电网调压能力不足时，节点电压偏差过高直接影响供电安全性和可靠性，严重时可能导致电源脱网。因此，配电网各节点允许的电压偏差范围限制了分布式光伏的接入容量和接入位置。

因此，案例选择模拟某地区网格中10kV的A线路末端接入光伏的情况，如图9.4.1所示。

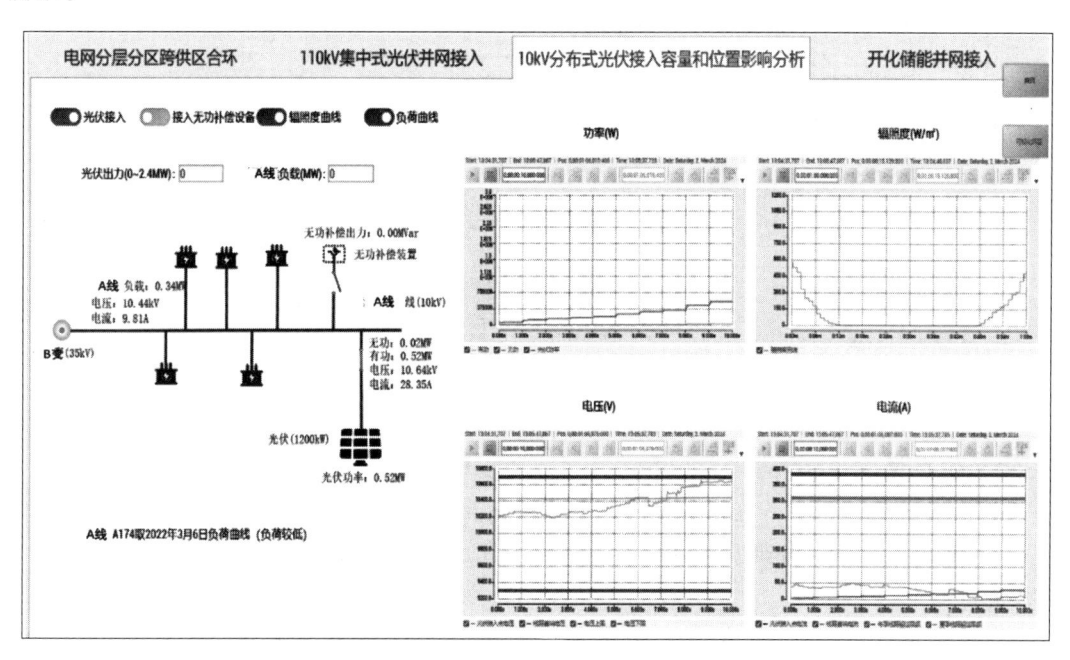

图9.4.1　某地区网格中10kV的A线路末端接入光伏的情况

9.4.2　仿真情况1

当A线的线路负载偏低时，光伏的接入对系统潮流影响较为严重，因此选择线路负载偏低的2022年3月6日作为典型日进行全天情况仿真。光伏辐照度参考晴朗天气辐照度参考曲线进行输入。发现在中午12：15时，线路负载0.546MW，此时光伏出力1.03MW，此时线路末端电压高达10.8kV左右，已经出现越限情况。此时考虑接入SVG无功补偿设备，可以看出电压从降至10.17kV左右，能够有效调压。

9.4.3 仿真情况2

将动态辐照度取消,光伏输出变为可调节状态,此时可以设置0～2.4MW光伏出力,模拟任何一个时间点的状态。

将光伏出力设置为1.2MW,光伏接入点电压为10.7kV(即将越限),线路最低带载要达到1.1MW。

测试中发现,在电压越限之前,基本不会发生电流越限的情况。

9.5 储能并网接入案例

9.5.1 案例基本情况

某地区储能60MW/120MWH拟接入110kV的A变,进而观察对220kV的B变负载情况的影响。

设定储能有以下两种工作方式可调,如图9.5.1所示。

1) 按照传统峰谷电价策略充放电。模拟一段时间内储能对电网的影响。
2) 按照该地区负荷峰谷策略充放电。模拟一段时间内储能对电网的影响。

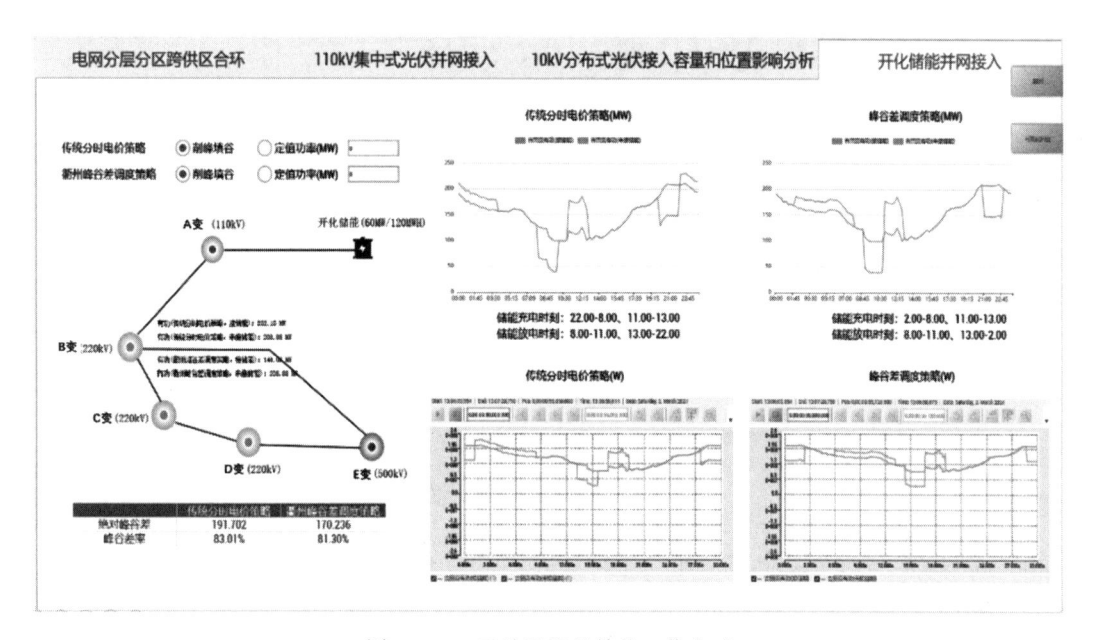

图9.5.1 两种可调的储能工作方式

9.5.2 仿真情况

案例选取典型日2022年7月12日(该地区全社会负荷最高日)15min一个点的全天负荷数据进行仿真。由于实行既定的传统峰谷电价策略时发现22:00—24:00 B变负荷存在峰上加峰的情况。因此根据该地区自身负荷情况,将充放电时间进行调整。

1) 传统峰谷电价策略。

即22:00至次日8:00充电、8:00—11:00放电、11:00—13:00充电、13:00—22:00

放电(模型中:22:00 至次日 4:00 以 20MW 慢充电,8:00—10:00 以 60MW 满放电,11:00—13:00 以 60MW 满充电,20:00—22:00 晚高峰满放电)。

2)该地区负荷峰谷策略。

即 2:00—8:00 充电、8:00—11:00 放电、11:00—13:00 充电、13:00 至次日 2:00 放电。(模型中:2:00—8:00 以 20MW 慢充电,9:00—11:00 以 60MW 满放电,11:00—13:00 以 60MW 满充电,21:00—23:00 晚高峰满放电)

从图中波形上可以看出,策略 2 根据对该地区自身负荷情况的调整,改变充放电时间,将晚间充电时间推迟,可以有效缓解之前存在的峰上加峰问题。两种策略在填谷上差别不大,但策略 2 在削峰上要优于策略 1。

参 考 文 献

[1] 李亚楼. 电力系统仿真技术 [M]. 北京：中国电力出版社，2021.
[2] 汤涌，刘文焯. 电力系统全电磁暂态仿真 水利电力 [M]. 北京：科学出版社，2022.
[3] 朱艺颖. 新型电力系统电磁暂态数模混合仿真技术及应用 [M]. 北京：中国电力出版社，2022.
[4] 汤涌. 电力系统数字仿真技术的现状与发展 [J]. 电力系统自动化，2002，26（17）：66-70.
[5] 舒印彪，汤涌，张正陵，等. 新型配电网构建及其关键技术 [J]. 中国电机工程学报，2024，44（17）：6721-6732.
[6] 徐清文. 电网友好型虚拟电厂调控理论研究 [D]. 济南：山东大学，2023.
[7] 张帅. 含多种分布式资源的配电网可靠性评估方法研究 [D]. 北京：华北电力大学，2024.
[8] 杨晓宇. 计及电动汽车充放电时空特性的车网源协同优化模型 [D]. 北京：华北电力大学，2023.
[9] 黄海泉，黄晓巍，姜望，等. 新型配电网分布式储能系统方案及配置研究综述 [J]. 南方能源建设，2024，11（4）：42-53.
[10] FANG T, YALOU L, XIAOXIN Z. Research, development and application of advanced digital power system simulator (ADPSS) [C]//The International Conference on Electrical Engineering. 2008：2-5.
[11] 田芳，李亚楼，周孝信，等. 电力系统全数字实时仿真装置 [J]. 电网技术，2008，32（22）：17-22.
[12] 周保荣，房大中，陈家荣. 全数字实时仿真器——HYPERSIM [J]. 电力系统自动化，2003，27（19）：79-82.
[13] 黄晟，王静宇，郭沛，等. 碳中和目标下能源结构优化的近期策略与远期展望 [J]. 化工进展，2022，41（11）：5695-5708.
[14] 朱立轩，万灿，鞠平. 计及不确定性的电力系统区间分析研究综述 [J]. Electric Power Automation Equipment/Dianli Zidonghua Shebei，2023，43（7）：1-11.
[15] 王祥旭，王峰，王增睿，等. 电力系统全电磁暂态数字仿真模型精度评估方法研究 [J]. Advances in Energy and Power Engineering，2023（11）：201.
[16] 周佩朋，孙华东，项祖涛，等. 大规模电力系统仿真用新能源场站模型结构及建模方法研究（三）：电磁暂态模型 [J]. 中国电机工程报，2023，43（8）：2990-2999.
[17] 李升健，于伟城，黄灿英. 电力系统实时数字仿真技术及其应用综述 [J]. 江西电力，2012，36（5）：73-76.
[18] 宋新立，王皓怀，苏志达，等. 电力系统全过程动态仿真技术的现状与展望 [J]. 电力建设，2015（12）：22-28.
[19] 王江，付文利. 基于MATLAB/Simulink系统仿真权威指南 [M]. 北京：机械工业出版社，2013.
[20] 秦喆. 永磁同步电机的建模及控制方法研究 [D]. 秦皇岛：燕山大学，2014.
[21] 杨明，张永明，张子骞，等. 电力系统电磁暂态仿真算法研究综述 [J]. 电测与仪表，2022，59（8）：10-19.
[22] 丁卫. 电力系统暂态稳定快速算法的研究 [D]. 杭州：浙江大学，2006.
[23] 李龙达. 电力系统暂态稳定性计算方法比较 [J]. 科技经济导刊，2016（35）：46-47.
[24] 邹裕志，葛丹丹. 隐式梯形积分算法在电力系统数字仿真中的应用研究 [J]. 电工技术，2017（10）：51-54.

[25] 柳勇军,梁旭,闵勇,等.电力系统机电暂态和电磁暂态混合仿真接口算法 [J].电力系统自动化,2006,30（11）：44-48.

[26] 柳勇军,梁旭,闵勇,等.电力系统机电暂态和电磁暂态混合仿真程序设计和实现 [J].电力系统自动化,2006,30（12）：53-57.

[27] 王占领,郑三立.电力系统实时仿真技术分析 [J].电力设备,2006,7（2）：46-49.

[28] 田芳,宋瑞华,周孝信,等.全数字实时仿真装置与直流输电控制保护装置的闭环仿真方法 [J].电网技术,2010（11）：81-86.

[29] 郑三立,梁旭,洪军,等.电网数字实时动态仿真系统的研制及其应用 [J].电力设备,2004,5（3）：13-15.

[30] 许汉平,黄涌,陈坚.电力系统实时数字仿真系统介绍 [J].华中电力,2002,15（3）：10-12.